KB261592

실내에서 가꾸는

녹색식물

김혜정 지음

일진사

green plant

놎은 빌딩과 콘크리트 사이를 바쁘게 비집고 다녀야 하는 우리의 삶 속에서, 햇살에 반짝이는 녹색의 식물들은 메마른 마음을 달래 줍니다. 식물을 기른다는 것은 한땀 한땀 바느질하듯, 한잎 한잎 푸른 잎과 나누는 마음의 여유이며, 우리 가족의 건강까지도 지키는 일입니다.

이제 식물은 정적이던 조경과 소품의 역할에서 벗어나 자연과 함께 하고자 하는 사람들의 욕구에 힘입어 생활필수품이 되어가고 있습니다. 식물 기르기는 외적인 아름다움만을 위한 것이 아니라 내적으로 마음의 평온과 안정을 얻을 수 있고, 더불어 식물의 다양한 효능을 통해 건강까지 지킬 수 있기 때문에 이미 많은 관심을 받고 있습니다.

이 책은 식물을 기르고자 하는 사람들에게 언제 얼마만큼의 물을 주어야 하는지, 햇볕은 얼마나 쪼여 주어야 하는지 등 작은 부분에서부터 환경에 따른 관리 방법까지 식물을 기르는 데 전반적으로 도움이 되고자 하는 마음에서 쓰여졌습니다. 특히, 각 식물별로 특성과 주변 환경에 적응하기 쉬운 관리법을 중점적으로 다루었고, 알아두면 좋을 식물에 대한 기본 지식도 곁들어 놓았습니다. 이론보다는 삶의 경험과 지혜를 바탕으로 누구나 알기 쉽고 간편하게 식물을 기를 수 있도록 구성하였습니다.

또한 이 책은 전문 지식이 아닌 삶의 경험을 통해 얻은 지혜를 담았으며, 쉽고 간편하게 식물을 기르는 데 꼭 알아야 할 기본적인 사항들을 한 권으로 정리했습니다.

우리가 생명수를 마시듯 식물도 우리가 주는 생명수를 기다리고 있습니다. 사랑의 손길로 식물에게 생명수를 선물하고자 하는 이들에게 조금이나마 도움이 되었으면 하는 바람입니다.

김혜정(bijou434@naver.com)

contents

소 철 84 / 알로카시아(칼라도라) 86

파피루스 87 / 해피트리(행복나무) 88

백정화 90 / 떡갈잎 고무나무 91

멕시코 소철(사고팜) 92 / 칼라 부자란 94

측백(진백)나무 95 / 금전수 96 / 크로톤 98

트리안 100 / 호 야 101 / 페페로미아 102

러브하와이 104 / 미니가든 106

다육식물 가든 107 / 디시가든 108

나비난초 110 / 불야성 112 / 염좌(크라슐라) 114

도쿠리난 116 / 피막이 117 / 은행목 118

산세베리아 18 / 아이비 20 / 홍콩야자 22

야래향 24 / 팔손이 26 / 필로덴드론 27

마지나타 28 / 송 오브 인디아 드라세나 30

드라세나 와네끼 32 / 문라이트 34 / 싱고니움 36

스킨답서스 38 / 스파티필룸 40 / 안시리움 42

산호수 44 / 인도 고무나무 46

프밀라 고무나무 48 / 벤자민 고무나무 50

벵갈 고무나무 52 / 킹벤자 고무나무 54

휘카스 움베라타 56 / 구문초 57 / 행운목 58

관음죽 60 / 테이블 야자 62 / 인삼 벤자민 64

파키라 65 / 디펜바키아 66

보스턴 고사리(실버레이디) 68 / 율 마 70

수 국 128 / 구즈마니아 130 / 카 라 131

벨루스 132 / 익소라 134 / 불로초 135

안젤로니아 136 / 글록시니아 138 / 새우풀 140

펜타스 141 / 칸타(벵갈타이거) 142 / 사피니아 144

신비디움 147 / 겐 지 148 / 관상 토마토 150

화초 고추 151 / 미모사(신경초) 152

베고니아 홀리데이 154 / 분화장미 156

프리뮬러 158 / 천일홍 160

썬로즈 162 / 도라지꽃 164 / 틸란드시아 166

워터코인 168

로즈마리 172 / 장미허브 174

골든 레몬타임 176 / 바 질 178

애플민트 180 / 파인애플 민트 182

파인애플 세이지 184 / 라벤더 186

캔들프렌트 188

* 식물의 성장 환경 6

* 식물 분갈이 72

* 식물 관리 120

식물의 성장 환경

식물을 잘 자라게 하는 데는 몇 가지 요소가 필요하다. 햇볕, 물, 온도, 토양의 기본 요소 외에도 적절하게 공급하는 영양(비료)에 따라 식물은 다양한 모습으로 자란다.

햇볕

일반적으로 식물을 기를 때 필요한 요소 중에서 햇볕에 대해 큰 비중을 두지 않는 경향이 있다. 물주기에는 신경을 많이 쓰면서 햇볕에 대해서는 소홀히 하기 쉬운데, 식물은 광합성을 통해 스스로 필요한 영양분을 만들어 내기 때문에 햇볕을 충분히 받으면 잘 자랄 수 있지만, 그렇지 못한다면 시들시들해져서 결국은 죽게 된다. 햇볕은 이렇게 식물에게 있어 필수적인 요소이지만 모든 식물이 햇볕을 좋아하는 것은 아니다. 식물마다 햇볕을 좋아하는 정도가 다른데, 이는 그 식물이 자라온 환경이 각각 다르기 때문이다.

다육식물 종류나 선인장류는 강한 직사광에서도 잘 자라지만, 열대우림 지역에서 자란 식물은 약한 햇볕만으로도 충분하다. 식물의 성장은 햇볕의 강도와 햇볕을 쬐는 시간에 따라 영향을 받는다. 예를 들어, 열대·아열대 원산의 식물은 12시간에서 16시간 정도의 햇볕이 필요하다. 하지만 겨울철이 되면 이들 식물에게 필요한 햇볕의 양이 부족하게 되는데, 이때 이 식물들을 관리할 때는 최대한 창문 가까운 쪽에 식물을 배치하고, 인공광을 이용해 부족한 햇볕을 공급해 주어야 한다.

필요로 하는 햇볕이 부족한 상태에서 생활하는 식물들은 좀 더 많은 햇볕을 쪼이기 위해 잎이 넓어지거나 줄기가 길어질 수밖에 없다. 반대로 필요 이상의 햇볕이 들어오는 곳에서 자라는 식물들은 햇볕을 받기 위해 별다른 노력을 하지 않아도 되기 때문에 잎이 작아지고 줄기의 마디마디가 짧아지게 된다. 또 필요로 하는 햇볕은 충분히 공급되지만 그 햇볕이 한 방향으로만 식물을 쬐어 준다면, 햇볕이 들어오는 방향으로 식물의 줄기가 기울어진다. 이는 햇볕의 방향에 따라가고자 하는 식물의 굴광성 때문인데, 이를 방지하기 위해서는 가끔 화분을 돌려 주어야 한다.

약한 햇볕	넉줄고사리, 네프로레피스, 대곡도, 대나무야자, 싱고니움, 동양란, 디펜바키아, 보스톤, 산세베리아, 셀렘, 셀라지넬라, 스킨답서스, 스파티필룸, 아글라오네마, 아디안툼, 아나나스, 아스파라거스, 아스프레니움, 아프리칸 바이올렛, 엘레강스 야자, 엽란, 칼라데아, 페페로미아, 필레아, 필로덴드론, 하트덩굴, 행운목, 호야
직사광선이 닿지 않는 밝은 곳	글록시니아, 나비난초, 네프로레피스, 대곡도, 드라세나, 디펜바키아, 마란타, 마르지나타, 몬스테라, 브로멜리아드, 스킨답서스, 아디안툼, 아이비, 아스파라거스, 아펠란드라, 알로카시아, 애크메아, 인도 고무나무, 폴리샤스, 홍콩야자
밝은 곳 내지는 직사광선	게발선인장, 겐차야자, 갓세피아나, 관음죽, 구근베고니아, 나비난초, 대나무야자, 대만 고무나무, 드라세나, 디펜바키아, 떡갈잎고무나무, 러브체인, 렉스베고니아, 마란타, 마르지나타, 몬스테라, 박쥐란, 벤자민, 보스톤, 봉의꼬리, 브로멜리아드, 산세베리아, 스파티필룸, 스킨답서스, 시클라멘, 싱고니움, 아글레오마, 아랄리아, 아레카야자, 아디안툼, 아스파라거스, 안스리움, 알로카시아, 아이비, 양란, 엽란, 와네끼, 인시그니스, 칼랑코에, 칼라데아, 크로톤, 파키라, 포인세티아, 폴리샤스, 필로덴드론, 프테리스, 피닉스야자, 홍콩야자
직사광선	게발선인장, 가쥬멀, 국화, 귤나무, 갓세피아나, 꽃기린, 꽃베고니아, 나비난초, 다육식물, 대나무, 라벤다, 레몬나무, 만리향, 멕시코 소철, 미니장미, 시네라리아, 바위솔, 분재, 소철, 선인장, 세덤, 수국, 아잘레아, 아랄리아, 알로에, 알로카시아, 알뿌리 화초, 용설란, 유카, 제라늄, 종려야자, 치자나무, 크로톤, 판다 고무나무, 포인세티아, 피닉스야자, 황금죽, 홍콩야자, 히비스커스

알아두면 좋아요

꽃이 피는 식물은 일반 관엽식물에 비해 더 많은 양의 햇볕을 필요로 하지만 종류별로 필요한 햇볕의 양은 다르다. 12시간 이상 햇볕을 필요로 하는 식물은 장일성 식물, 12시간 이하의 햇볕을 필요로 하는 식물은 단일성 식물로 나눈다. 중일성 식물은 햇볕의 쬐는 시간에 상관없이 꽃을 피우는 식물을 말한다.

가끔 꽃이 피는 시기가 지나도 꽃을 피우지 못하고 잎만 무성해지는 경우가 있는데, 이는 온도와 햇볕이 필요만큼 충족되지 않아서 그런 것이다. 난, 철쭉, 게발선인장 등 구입 당시에는 꽃이 만발했으나 시간이 지나도 다시 꽃이 피지 않으면 늦가을부터 전깃불을 켜지 않는 발코니에 두었다가 추워지면 실내로 들여 관리하면 다시 꽃을 볼 수 있다.

양지	하루 중 직사광선이 적어도 5시간 이상 비치는 곳을 말한다. 하지만 하루종일 양지에 두어도 견딜 수 있는 식물은 매우 적은 편이다.
반양지	겨울철 직사광선이 하루 중 2시간 정도 쪼이는 곳으로, 대부분의 햇볕이 간접광 내지는 반사광으로 들어오는 밝은 곳을 말한다. 대부분의 개화 식물들이 꽃을 피우는 조건이다.
반음지	직사광선은 전혀 들어오지 않지만 간접광이 충분히 들어오는 밝은 곳을 말한다. 대부분의 햇볕은 커튼이나 나무 관목, 햇볕 가리개 등의 필터를 통해서 들어온다. 인공광을 조금 보충해 주면 일부 개화 식물들은 꽃을 피울 수 있으며, 대부분의 관엽식물들이 좋아하는 조건이 된다.
음지	직사광선도 전혀 닿지 않고 한낮에도 어두운 장소로서 그림자를 만들 수 있을 정도의 간접광만이 존재하는 곳을 말한다. 이런 햇볕 조건에 장기간 놓여 있을 때 건강하게 자랄 수 있는 식물은 극히 일부에 해당된다. 때문에 인공광으로 필요한 볕을 보충해 주거나 정기적으로 밝은 장소로 옮겨 부족한 볕을 보충해 주어야 한다.

알아두면 좋아요

식물별로 필요로 하는 햇볕의 양은 차이가 있지만 대체적으로 선인장 〉 분화류 〉 얼룩무늬 관엽 〉 일반 관엽 순으로 햇볕을 필요로 한다. 식물을 키우기 위한 정보를 보면 양지, 반양지, 반음지, 음지로 식물 관리에 용이한 장소를 구분한다. 비슷한 햇볕의 조건은 상관없지만 식물의 성격과 전혀 다른 햇볕의 조건에서는 식물이 제대로 성장할 수 없으므로 주의하도록 한다.

식물을 구성하는 성분 중 가장 많은 부분을 차지하는 것이 물이며 가장 중요한 것 또한 물이다. 물은 이산화탄소와 함께 탄소 동화작용을 하여 식물이 생육할 수 있는 탄수화물을 만들 뿐만 아니라, 흙 속에 용해되어 있는 비료분이 물과 함께 뿌리로 흡수되도록 돕는 역할을 한다. 또 화분에 물을 줌으로써 유해가스 성분들이 화분 밖으로 밀려나가게 되므로 신선한 산소가 유입되어 뿌리의 호흡을 돕게 된다.

식물에 적합한 물은 실온의 미지근한 상태의 물이다. 차가운 물은 식물의 잎과 꽃은 물론 뿌리까지 상하게 할 수 있다. 뿐만 아니라 식물에 공급되는 물은 석회 성분이 없어야 하므로 석회 성분이 들어 있는 수돗물은 한번 끓여 식힌 후 사용하는 것이 좋다.

식물이 필요로 하는 물은 식물이 자라는 장소의 환경, 배양토의 차이, 식물의 종류에 따라 달라 일률적인 기준을 제시할 수 없다. 이러한 주변 환경을 고려하지 않고 습관적으로 물을 주거나 하면 지나치게 과습하여 뿌리가 썩게 된다. 식물은 건·습의 과정을 충실히 반복해야 뿌리가 건강해지고 생육이 좋아진다. 물을 주는 횟수 못지 않게 물의 양도 중요한데, 물을 적게 주면 밑에 잔뿌리까지 수분이 도달하지 못해 말라 버릴 수 있으므로, 물을 줄 때는 화분 밑 배수 구멍으로 흐를 때까지 충분히 물을 주도록 한다.

우리나라는 4계절이 뚜렷해 계절별 환경이 다르다. 이는 식물들도 마찬가지로 계절별로 물 주는 시간과 양을 달리해야 건강하게 식물을 키울 수 있다. 가장 좋은 시간은 해가 떠올라 흙의 온도가 어느 정도 올라갔을 때 물을 주는 것이 좋다.

봄·가을에는 9시에서 10시 사이, 여름철에는 7시에서 8시, 겨울철에는 11시에서 12시 사이에 물을 주도록 한다. 보통의 실내 식물은 화분의 흙 속까지 완전히 젖도록 물을 충분히 주어야 하는 것도 있지만 종류에 따라 겉흙만 살짝 적실 정도로 물을 주어야 하는 것도 있으므로 식물이 물을 좋아하는지 싫어하는지 잘 구별해야 한다.

이 외에도 냉동성이 있는 식물은 겨울 휴면기에 서늘한 곳에 두고 약간 건조하게 관리하는 것이 좋다. 식물의 생긴 형태에 따라 물 주는 방법도 달리해야 하는데, 구근식물의 경우 토양에 직접 물을 주면 뿌리에 물이 고일 수 있으므로 화분 받침에 물을 주어 수분을 흡수하도록 하는 것이 좋고, 로제트를 형성하는 식물 종류들은 로제트 안에 물을 주어 항상 물을 품고 있을 수 있게 한다. 또 잎에서 수분을 흡수하거나 높은 공중습도를 좋아하는 식물들의 경우에는 분무기로 자주 물을 뿌려 주도록 한다.

＃로제트(rosette) : 줄기의 중심에서 잎이 모여서 방사형으로 나오는 배열을 말한다. 뿌리에 잎이 바로 붙어 있는 것처럼 보인다.

과습을 싫어하는 식물	게발선인장, 다육식물류, 디펜바키아, 라벤다, 로즈마리, 산세베리아, 선인장류, 알로에, 제라늄, 칼랑코에, 크로톤, 타임, 페페로미아, 하트덩굴, 호야, 홍콩야자
과습을 좋아하는 식물	관음죽, 율마, 나비난초, 네프로레피스, 대나무, 마란타, 마르지나타, 목향나무, 벤자민, 수국, 시서스, 싱고니움, 아글라오네마, 아나나스, 아디안툼, 안스리움, 오죽, 와네끼, 청목, 치자나무, 칼라데아, 피닉스야자, 필로덴드론

온도

　식물이 정상적으로 자라고 꽃을 피우게 하기 위해서는 적정 온도를 맞춰 주는 것이 중요하다. 대부분의 식물들은 너무 낮거나 너무 높은 온도에서는 생육이 정지되지만, 7~30℃ 사이에서는 온도가 높아질수록 왕성한 생육활동을 한다. 하지만 대부분의 실내 식물들은 가정의 실내 온도에 잘 적응해서 자라기 때문에 겨울을 제외하면 적정 온도보다 너무 높거나 낮지 않은 이상 정상적인 생육에 문제가 발생하는 일은 거의 없다.

　보통 일반 가정의 실내 온도는 20~23℃ 정도를 유지하는데 아열대가 원산인 식물들은 온도가 내려가는 겨울철 대부분 휴면기에 들어간다. 온대성 식물은 실내보다는 낮은 온도를 선호하며 겨울철 서리에도 견딜 수 있다. 하지만 실내 온도는 장소에 따라 조금씩 달라질 수 있고 일정하지 않을 수 있으므로 식물을 배치할 때 이를 염두에 두어야 한다. 난방기 주변은 온도가 높고 건조하므로 근처에 식물을 두지 않는 것이 좋고, 강한 직사광이 바로 들어와 온도가 높은 남향 창가는 식물이 말라 죽을 수 있으므로 난방기 주변과 마찬가지로 식물을 두지 않는 것이 좋다. 바깥 공기가 잘 들어오는 곳은 온도가 급격하게 떨어질 수 있는데, 어떤 식물들은 이를 견디지 못하고 죽기도 한다.

　대부분의 실내 식물들은 겨울철에 성장을 쉬는 휴면기를 갖는데, 낮은 온도에서 자라는 온대성 식물은 잘 적응시키면 실외에서도 겨울을 날 수 있다. 하지만 많은 종류의 식물들이 겨울철 동해에 주의해야 하며, 온도를 일정하게 유지할 수 있도록 주변 환경에 신경 쓰고 가급적 실내 온도에 맞춰 물을 주는 것이 좋으며 잎에 직접 물방울이 닿지 않도록 주의한다. 집을 오랫동안 비우면서 난방기를 꺼 놓으면 화초가 동해를 입게 될 수 있으니 주의해야 한다. 또한 식물은 갑작스러운 온도 변화에 민감한 반응을 보일 수 있으므로 신경 써야 한다.

5℃	율마, 남천, 대나무, 동백, 만량금, 백량금, 소철, 아이비, 엽란, 유카, 종려죽, 천량금, 철쭉, 청목, 팔손이
5~10℃	고무나무, 군자란, 나비난초, 대나무야자, 떡갈잎 고무나무, 문주란, 싱고니움, 아나나스, 아마릴리스, 아잘레아, 알로카시아, 워싱턴야자, 제라늄, 팔손이, 치자나무, 칼라, 파초, 프테리스, 헤데라, 홍콩야자
10~15℃	극락조화, 네프로레피스, 덴파레, 드라세나, 마르지나타, 몬스테라, 박쥐란, 산세베리아, 스파티필룸, 아글레오마, 아레카야자, 아스파라거스, 카틀레야, 클로로덴드롱, 포인세티아, 피닉스야자, 하트덩굴, 호야
15℃ 이상	겐차야자, 고드세피아나, 네펜데스, 디펜바키아, 마란타, 베고니아, 아레카야자, 안스리움, 알로카시아, 산데리아나, 스킨답서스, 크로톤, 파키라, 폴리샤스, 필로덴드론, 행운목

토양

식물이 잘 자랄 수 있도록 여러 종류의 흙을 혼합해 만든 재배용 흙을 배양토라고 하는데, 이는 식물 기르기의 가장 기본적이고 중요한 요소이다. 식물마다 성격이 다르듯이 그 식물이 잘 자랄 수 있는 토양의 성격, 즉 구성 성분도 달라져야 하는데 배양토를 만들 때는 이를 고려하여 만들어야 한다. 일반적으로 흙의 입자가 50%, 수분 25%, 공기 25%가 혼합되어 있으며, 병충해에 오염되지 않는 토양을 가장 이상적인 토양으로 꼽는다.

토양의 산도는 식물의 성장에 많은 영향을 주는데, 밭흙의 토양 산도는 보통 pH 5.5~6.0 정도로 식물에 큰 영향을 끼치지는 않지만 배양토를 계속해서 사용할 경우 흙이 점점 산성화 된다. 산성 흙에서 잘 자라지 않는 식물은 적당한 양의 석회를 섞어 중화시켜 주어야 한다.

■ **강산성을 좋아하는 식물**
  pH5~6의 흙 : 아잘레아, 네프로레피스, 치자나무, 베고니아, 아디안툼
■ **약산성을 좋아하는 식물**
  pH6~7의 흙 : 제라늄, 시클라멘, 포인세티아, 카네이션, 백합
■ **중성을 좋아하는 식물**
  pH7의 흙 : 백일홍, 메리골드, 프리뮬러, 마가렛, 아스타
■ **알칼리성을 좋아하는 식물**
  pH7 이상의 흙 : 금잔화, 장미, 세네라리아, 거베라, 스위트피

배 수	물을 주면 고이지 않고 즉시 스며들어야 하며, 입자가 입단(粒團)형으로 되어 있어 말랐을 때 갈라지지 않아야 한다.
통기성	입자 사이에 적당한 공간이 있어 공기가 자유롭게 들락거릴 수 있어야 한다.
보수력	배수도 중요하지만 토양 입자들이 적당한 수분을 머금고 있어야 식물이 이를 이용할 수 있다. 퇴비와 부엽토 등 유기질이 많이 들어 있는 흙이 보수력이 좋으며 화분에 식물을 심을 때 부엽토, 펄라이트, 피트모스(수태) 등을 섞어 보수력을 높일 수 있다.
양 분	식물이 자라는데 필요한 무기염류를 충분히 가지고 있어야 한다. 유기질 비료가 섞인 흙은 무기염류 공급에 좋다.
산 도	일반적으로 식물이 잘 자라는 토양은 중성에서 약산성의 성질을 가진 흙이지만 식물에 따라 조금씩 다를 수 있다.
병충해	병원균이나 해충 및 잡초의 씨가 아예 없거나 적은 흙이 좋은데, 종자를 파종하는 흙은 깨끗이 소독하여 사용하는 것이 좋다.

질 소	비료의 성분들 중 가장 많이 흡수되는 영양소로 식물의 외형적 성장에 직접적으로 관계되는 것이다. 질소가 부족하면 식물의 성장이 위축되고 잎의 색깔이 연해진다. 또 꽃이 잘 피지 않거나 아주 작게 필 수 있으며 질소가 과할 때는 식물이 웃자라고(보통 이상으로 많이 자라 연약해지고) 얇은 잎만 비정상적으로 커진다.
인 산	꽃 맺음과 열매 맺음에 직접적으로 관계되는 것으로, 인산이 부족하게 되면 줄기가 가늘어지고 마디 사이가 짧아지며 꽃의 크기 역시 작아진다. 반대로 인산이 과하면 잎이 작아지면서 노랗게 변하고 식물이 오그라든다.
칼 리	식물의 줄기와 가지를 튼튼하게 하고 병충해에 대한 저항력을 높여주는 것으로 뿌리의 전분 저장량을 증대시켜 주는 역할을 한다. 칼리가 부족하면 잎이 말라 떨어지게 되고, 식물체의 키가 낮아지며, 꽃의 크기가 작아지게 된다. 또한 지나치면 생장점의 자람이 약화되어 꽃 피는 숫자가 적어진다.
마그네슘	마그네슘이 부족하면 엽록소의 형성에 지장이 생겨 식물의 성장에 좋지 않다.
철 분	철분이 부족하면 새로 나오는 잎이 말라 들어간다.

밭 흙	배양토의 주재료가 되는 흙으로 병충해를 함유하고 있지 않아야 한다.
부엽토	식물체가 쌓여 썩어 만들어진 흙으로, 자체적으로 많은 양의 거름기를 포함하고 있으면서도 습기를 지니고 있다. 물빠짐과 공기의 드나듦 또한 좋아 밭흙과 함께 배양토를 만드는 주재료로 사용한다.
모 래	물빠짐과 공기의 드나듦을 좋게 하기 위해 배합토의 주재료로 사용한다. 입자가 굵은 강모래가 미세한 입자의 모래보다 좋으며 화분에 사용하는 모래는 염분이 없어야 한다.
마 사	배수층을 구성하는데 이용되며, 밭흙, 모래, 부엽토 등과 섞어 관엽식물, 분화식물을 심을 때 사용한다.
피트모스	부엽토와 비슷한 효과를 낼 수 있는 흙이다. 토양 개량 효과가 뛰어나 배양토의 습기와 거름기를 지니는 성질을 높여줄 뿐만 아니라 공기의 드나듦 또한 원활하게 해 준다. 하지만 부엽토와 달리 거름기를 포함하고 있지는 않으므로 부엽토 대용으로 사용할 때는 밑거름을 충분히 섞어 주어야 한다.
코코넛 가루	피트모스와 마찬가지로 부엽토 대용으로 사용할 수 있는 종류이다. 피트모스와 거의 비슷한 성질로 이 역시 거름기를 포함하고 있지 않으므로 밑거름을 충분히 섞어 사용하는 것이 좋다.
질 석	버미큘라이트라고도 하는 것으로 원예용 인조 흙이다. 거름기를 포함하고 있지는 않지만 가벼우면서도 습기를 간직하는 성질이 좋을 뿐 아니라 무균 상태이므로 배양토에 섞어 쓰면 효과를 볼 수 있다.
펄라이트	흰색의 가벼운 인공 흙 종류이다. 배양토를 만들 때 같이 섞어 사용하면 물빠짐과 공기의 드나듦이 좋아진다.
바 크	전나무, 소나무의 껍질을 삶아서 분쇄한 것으로, 서양란이나 착생식물 종류를 심는데 단일 종류로 사용한다.
수 태	습지에 있는 물이끼를 고온에서 쪄내어 건조한 것으로, 통기성과 보수성이 매우 우수하며 양란과 일부 관엽식물을 심을 때 사용한다.
난 석	화산석의 한 종류로 미세한 공기구멍을 아주 많이 지니고 있다. 가벼우면서도 물을 지니는 성질과 공기의 드나듦이 탁월해 동양란 종류의 배양에 전용으로 사용하고 있다.
하이드로 볼	찰흙을 고온에서 구워 작은 알갱이로 빚어낸 것으로 붉은색이며 보습성이 매우 뛰어나다. 무균 무충의 흙으로 주로 수경재배나 화분의 장식용으로 쓰인다.
제오라이트	통기성, 보수성, 보비성이 뛰어난 종류로 피트모스, 바크, 코코넛 가루 등과 섞어 배양토로 쓰인다. 연작 장해나 산성화된 용토를 개량할 목적으로 사용하기도 한다.

▶ 시든 꽃이나 잎 따주기

시든 꽃이나 누렇게 뜬 잎은 미관상의 이유도 있지만 식물의 건강한 성장을 위해서 꼭 따 주어야 한다. 이들 꽃이나 잎은 새 싹이 돋는 것을 방해할 뿐만 아니라 병이 들어 건강한 다른 잎이나 뿌리까지 영향을 미치기 때문이다. 시든 잎이나 꽃은 쉽게 떨어지는데, 대충 그 부분만 따내는 것이 아니라 생장점 바로 앞 꼭지까지 모두 따 주는 것이 좋다.

▶ 지지대 세우기

대나무 또는 쇠로 만든 지지대를 줄기와 평행이 되게 화분에 꽂는다. 지지대를 세울 때는 마치 직물을 짜는 것처럼 잎줄기들을 어긋나게 끼워준다. 이렇게 지지대를 세워주면 키는 크지만 줄기가 하나인 식물을 효과적으로 받쳐줄 수 있다. 가능한 줄기 가까이 세워 흙 속 깊이 꽂아야 안정적으로 식물을 받쳐줄 수 있다. 그런 다음 링으로 식물 줄기와 받침대를 묶어주면 된다.

▶ 식물 샤워시키기

잎이 크고 질긴 식물은 적어도 일 년에 두 번 이상은 미지근한 물로 샤워를 시켜 잎의 먼지를 제거해 주어야 한다. 먼지가 오래 쌓여 있으면 기공을 막아 식물의 성장에 영향을 끼친다. 잎에 붙어 있는 먼지나 진딧물은 물줄기를 다소 세게 하여 씻어 내는데, 이때 잎이 꺾이지 않도록 잎 뒷면을 손으로 받쳐 줘야 한다.

▶ 흙 갈아 주기

규모가 큰 식물은 화분 안에 뿌리가 가득 차지만 않는다면 매번 분갈이를 해 줄 필요는 없다. 대신 화분 표면의 흙은 갈아 주는 것이 좋다. 식물의 뿌리가 다치지 않도록 표면의 흙을 살살 긁어낸 다음 새 흙으로 바꿔주면 된다.

▶ 색이 변한 잎 끝이나 가지치기

수분 요구도가 높은 식물 중 수분이 부족하면 금방 잎 끝이 갈색으로 변하는 식물이 있다. 이렇게 색이 변한 잎은 잘라 버리는 것이 좋은데 녹색 부분이 잘려 나가지 않도록 조심해서 잘라야 한다. 식물의 잎을 좀 더 풍성하게 관리하고 싶다면 봄에 하는 분갈이 때 잎이나 새로운 가지가 나오는 부분을 가지치기 해준다.

▶ 웃자람일 때

식물의 줄기가 자라면서 햇볕을 제대로 보지 못하는 실내에서 키울 경우 형광등과 같은 실내조명으로 인해 밝은 곳을 향해 올라가기 때문에 위로만 가지가 뻗어 올라간다. 마디가 옆으로 풍성하게 자라지 못하고 위로만 뻗어 올라가기 때문에 마디는 짧은데 길이만 앙상하게 길어진다. 이럴 때는 진정 가위로 가지 마디 바로 윗부분을 잘라준다. 위로 뻗어 올라갈 경우 바로 진정을 해서 옆으로 풍성하게 뻗어나가게 관리한다.

Green Plant

집안에 꼭 필요한 공기정화 식물

산세베리아 [백합과]

장 소	반양지
온 도	5~25℃
물주기	흙이 말랐으 때 물을 흠뻑 준다.
비 료	액체 복합 비료를 한 달에 한 번씩 준다.
병충해	쥐똥나무 벌레, 깍지벌레, 응애
번 식	포기나누기, 잎꽂이

재료 산세베리아 2개, 화분, 꽃삽,
돌, 마사, 흙

특징

1 생명력이 강한 다육식물로, 표면은 가죽 질감과 같으며 잎은 직립으로 자란다.

2 실내에서 기르는 다육식물(잎이나 줄기 속에 많은 수분을 가지고 있는 식물)이다.

3 공기정화 능력이 뛰어난 식물이다.

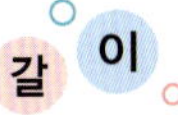 **화 분 갈 이**

1 화분 밑부분에 흙을 채운다.

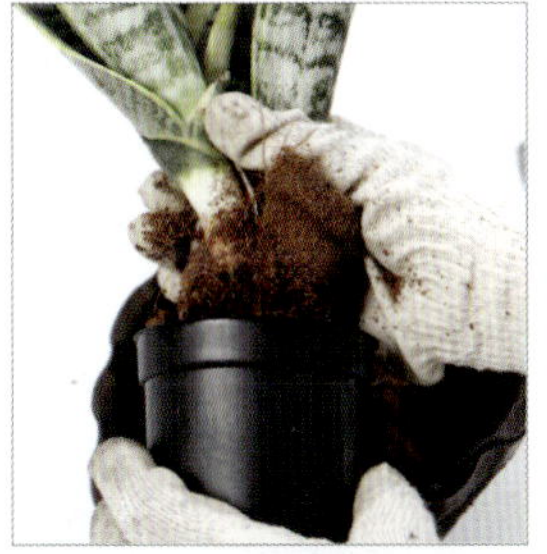

2 포트에서 식물을 분리한다.

관리

- 너무 어두운 곳에 두면 잎의 색이 엷어지고, 너무 강한 햇볕에 두면 잎이 노랗게 변한다.

- 흙이 말랐을 때 물을 주고 건조하게 관리해 준다.

- 물을 줄 때는 화분이 $\frac{1}{3}$ 잠길 정도의 물을 물통에 채워 10분간 담갔다 꺼낸다.

산세베리아를 분갈이할 때 임줄기가 흩어지지 않도록 임줄기를 하나로 살짝 묶어 심어주면 편리하다.

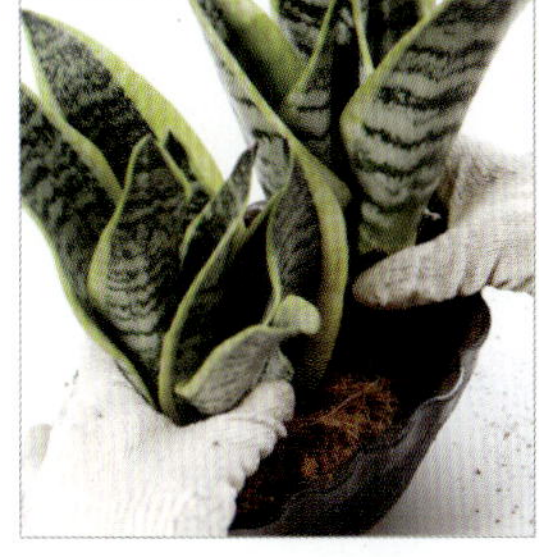

3 흙을 채운 화분에 식물을 심는다.

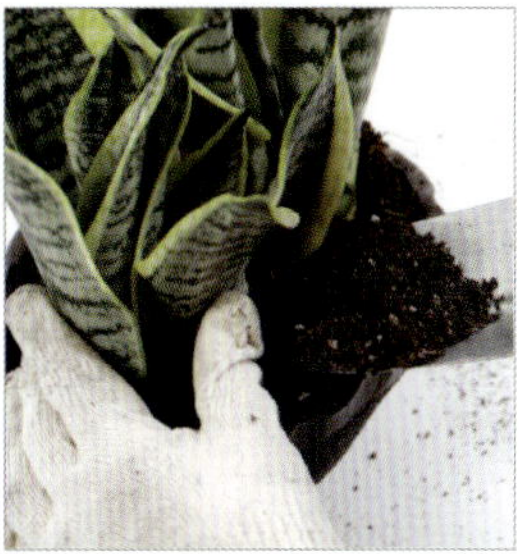

4 식물 주변을 흙으로 채운다.

5 마지막에 마사로 채워 마무리한다.

아이비 [두릅나무과]

장 소	반양지, 반음지
온 도	6~24℃
물주기	표면의 흙이 건조해지면 물을 충분히 준다.
비 료	봄에서 가을에 걸쳐 2주에 한 번 관엽식물용 복합 비료를 준다.
병충해	응애, 진딧물, 깍지벌레
번 식	줄기꽂이, 수경재배

재료 아이비, 화분, 흙, 꽃삽, 분무기

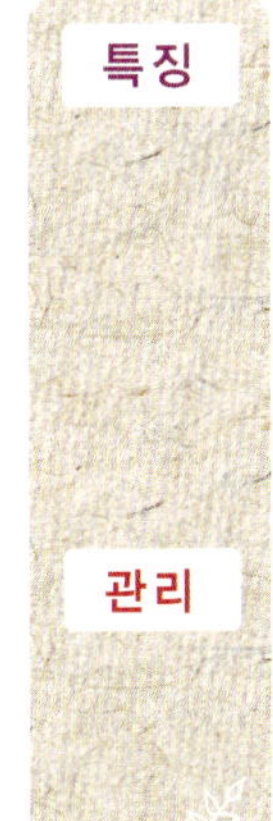

특징

1 공공건물의 아트리움이나 로비의 지면을 덮어 싸는 피복식물로 많이 사용된다.

2 잎의 형태와 색에 따라 다양한 품종들이 만들어지고 있는데, 여러 가지 형태로 변형시키거나 걸이용 화분으로 사용하기에 최적의 식물이다.

3 포름알데히드 제거 능력이 뛰어난 공기정화 식물로 다양한 실내 환경에 적응 가능하지만 고온에는 약하다.

관리

■ 수분을 좋아하지만 건조에도 어느 정도 견딜 수 있다. 걸이용 화분은 수분 손실이 빠른 편이므로 물이 부족하지 않도록 주의해야 한다.

■ 매년 봄에 분갈이와 가지치기를 해 주면 더 많은 가지가 나와 풍성해진다.

■ 여름철에 통풍이 잘 안되는 곳에 두면 뿌리가 질식하여 잎이 시들 수 있으므로 주의한다.

화 분 갈 이

1 포트에서 뿌리가 상하지 않도록 조심해서 식물을 빼낸다.

2 뿌리와 흙을 정리한 후 그대로 화분에 옮겨 심는다.

3 흙이 골고루 꽉 차도록 채워 넣는다.

4 분갈이 후 누렇게 변한 잎은 가위로 잘라낸다.

장 소	양지, 반양지
온 도	18~24℃
물주기	표면의 흙이 말랐을 때 물을 준다.
비 료	봄에서 가을에 걸쳐 2주에 한 번 관엽식물용 복합 비료를 준다.
병충해	응애, 진딧물, 깍지벌레
번 식	꺾꽂이, 휘묻이

특징

1 식물 자체의 규모가 있기 때문에 배치할 장소를 고려하는 것이 좋으며, 너무 크게 자라는 것을 억제하기 위해 중심 줄기의 마디 부분을 잘라 작게 키울 수도 있다.

2 초보자들이 키우기 적합한 식물이지만 조금만 관리를 소홀히 하면 해충이 생기기 쉽다. 때문에 자주 분무하여 해충을 예방해야 한다.

3 증산작용과 포름알데히드 제거 능력이 우수한 공기정화 식물이다.

4 품종에 따라 잎 크기가 다양하며 노란색 무늬가 있는 품종도 있다.

관리

■ 잎의 광택을 좋게 하기 위해서는 햇볕이 잘 드는 실내에 두는 것이 가장 좋다.

■ 2~3일 정도 물을 주지 않아도 괜찮으며, 흙이 완전히 마른 후 물을 주고 겨울에는 횟수를 줄인다.

■ 2~3년마다 이른 봄에 분갈이와 가지치기를 하여 잎이 무성하게 자랄 수 있도록 한다.

  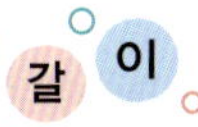 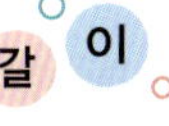 화 분 갈 이

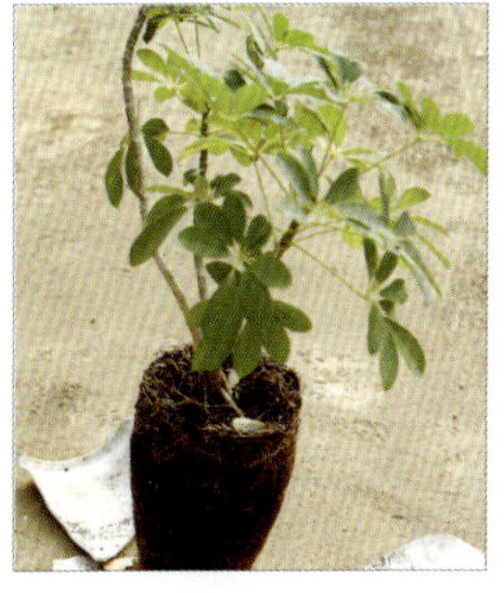

1 뿌리가 화분 모양대로 형태를 이루고 있다.

2 화분에 망을 깔아준다.

3 화분에 뿌리가 다치지 않도록 그대로 심는다.

4 흙으로 그 위를 눌러가며 채운다.

야래향 [가지과]

재료 야래향, 화분, 꽃삽, 깔망, 하이드로
볼, 돌, 흙

장 소	양지
온 도	16~25℃
물주기	흙이 말랐을 때 물을 흠뻑 준다.
비 료	생장기엔 묽은 액체비료를 월 3회 정도 준다.
병충해	거의 없다.
번 식	꺾꽂이

특징

1 야래향은 가지과의 식물로 밤에만 향을 피우는 꽃이기 때문에 낮에는 꽃이 닫혀 있고 밤에만 활짝 피어 달콤한 감 향을 풍긴다. 기생초라고도 불린다.

2 꽃이 지면 하얀색의 열매가 익는다.

3 실내에 야래향 나무를 두면 모기가 사람을 물지 않는다.

관리

■ 통풍이 잘 되고 반그늘에서 키우는 것이 좋다.

■ 꽃이 핀 후 수형(나무의 모양)을 위해 부분적으로 가지치기가 필요하며, 특히 늦가을에는 전체 수형의 $\frac{2}{3}$ 선에서 가지치기를 한다.

■ 겨울에도 온도를 5℃ 이상 유지해야 한다.

  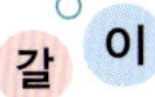 

화 분 갈 이

1 화분에 흙을 채운다.

2 포트에서 식물을 분리한다.

3 준비한 화분에 옮겨 심은 후 흙으로 채워준다.

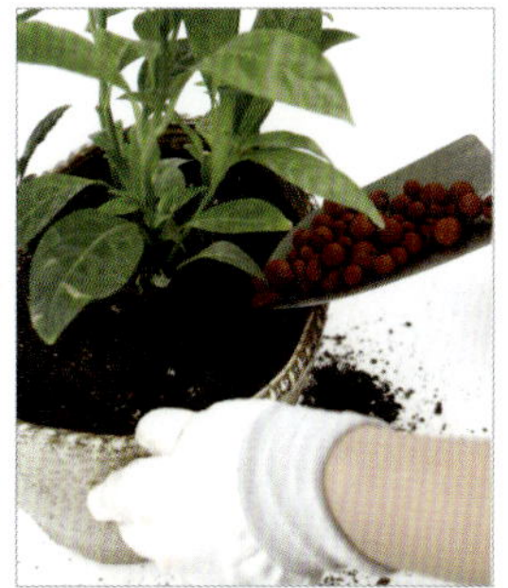

4 흙으로 채워준 후 하이드로 볼로 장식한다.

팔손이 [두릅나무과]

재 료
팔손이, 화분, 꽃삽, 깔망, 하이드로볼, 흙

장 소 반음지

온 도 20℃ 내외

물주기 직사광선에서 물이 마르지 않도록 자주 준다.

비 료 봄부터 가을까지 2주에 한 번 관엽식물용 복합비료를 주고, 겨울에는 주지 않는다.

병충해 부패병, 잎반점병, 진딧물, 거미 응애

번 식 실생, 삽목

특징

1 추위에 약하여 중부지방에서는 노지 재배가 불가능하다.

2 냄새 제거 기능이 있는 공기정화 식물로, 특히 아토피가 있는 어린이에게 좋다.

관리

■ 건조한 실내에서는 잎에 자주 분무를 해 준다.

■ 겨울에는 8~10℃를 유지하고, 물은 거의 필요로 하지 않는다.

■ 햇볕이 부족하거나 흙이 건조하면 낙엽이 된다.

화 분 갈 이

1 포트에서 식물을 분리한다.

2 새로운 화분에 옮겨 심는다.

3 하이드로 볼로 채워 마무리한다.

필로덴드론 [천남성과]

장 소 반음지

온 도 16~30℃

물주기 흙이 말랐을 때 물을 듬뿍 준다.

비 료 봄에서 가을 사이에 액체비료를 주기적으로 주거나 캡슐형 완효성 복합비료를 준다.

병충해 진딧물, 개각충, 깍지벌레

번 식 꺾꽂이, 휘묻이

특징

1 음이온 방출 능력이 탁월하며 해충에 대한 저항력이 우수하다.

2 필로덴드론은 줄기에 수분이 가득 차 있어 두툼하다.

3 식물체가 성장함에 따라 많은 공간을 차지하게 되므로 배치할 장소를 잘 고려해야 한다.

관리

■ 잎과 줄기가 촉촉해지도록 자주 분무해 준다.

■ 겨울철에는 햇볕이 잘 드는 거실로 옮겨 준다.

■ 위로 뻗어 올라가는 식물의 경우 지지대를 세워 주고, 매년 분갈이를 해 준다.

■ 저온다습한 환경에서는 뿌리썩음병이 발생할 수 있으므로 주의한다.

화 분 갈 이

1 식물을 포트에서 분리한다.

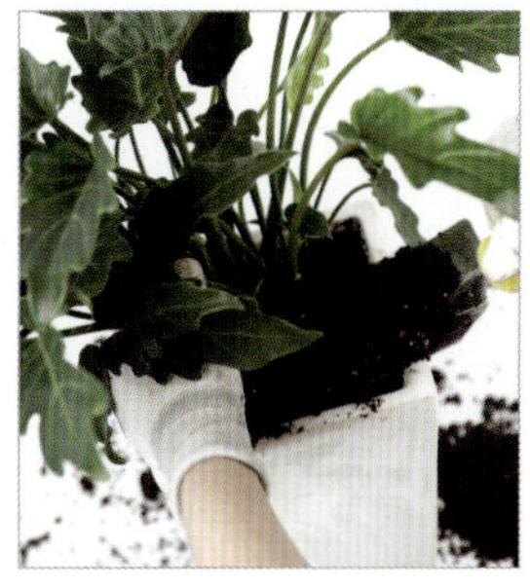

2 흙을 반쯤 털어낸 후 화분에 심는다.

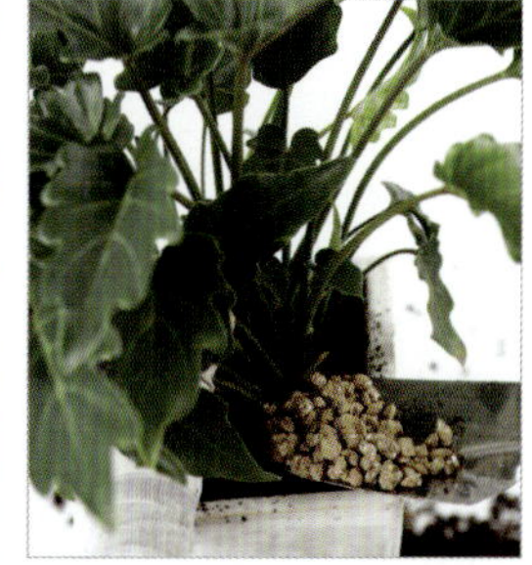

3 흙으로 채운 뒤 마사와 돌로 장식하여 마무리한다.

마지나타 [용설한과]

장 소	반음지
온 도	16~24℃
물주기	흙이 말랐을 때 물을 흠뻑 준다.
비 료	봄에서 가을 사이에 액체비료를 주기적으로 주거나, 캡슐형 완효성 복합비료를 준다.
병충해	응애, 깍지벌레
번 식	꺾꽂이, 줄기묻이

재료 마지나타, 화분, 꽃삽. 흙, 마사, 돌

특징

1 드라세나 속 가운데 가장 키우기 쉽고 잘 알려진 품종이다.
2 공기정화 식물로 유해 물질인 크실렌, 트리클로로에틸렌 등의 제거 능력이 뛰어나다.
3 열대 식물로 꽃을 보기는 쉽지 않으나 줄기 끝에서 방사형의 가지에 꽃잎이 6개인 작은 꽃이 모여 달린다.
4 환경 적응력이 뛰어나 어떤 환경에서도 잘 자란다.
5 현관 입구나 거실 등에 두면 좋다.

관리

■ 직사광은 가급적 피하고, 통풍이 잘 되는 곳에 둔다.
■ 공중습도는 다습하게 유지한다.
■ 반음지에서 잘 자라지만 햇볕이 부족하면 잎의 색이 연해지고 나빠지며, 강한 햇볕에는 잎이 탈 수 있다. 건조하면 응애가 생길 수 있다.

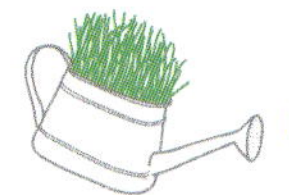  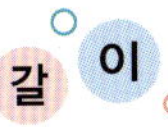 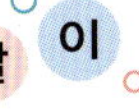 화 분 갈 이

1 화분 밑부분에 흙을 채워준다.

2 포트에서 식물을 분리한다.

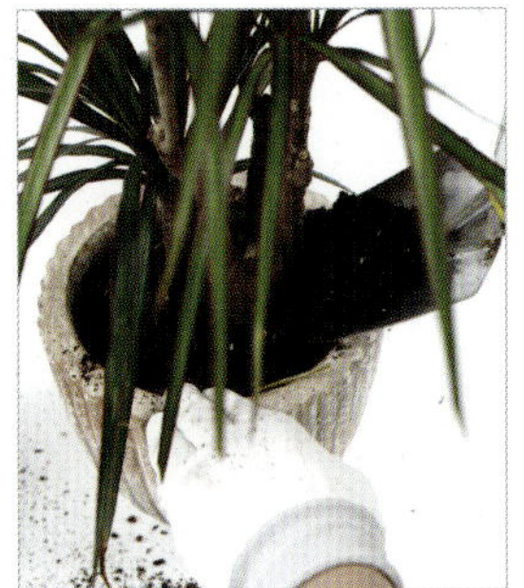

3 흙을 반쯤 털어낸 후 옮겨 심는다.

4 흙으로 채워준 후 마사와 돌로 장식한다.

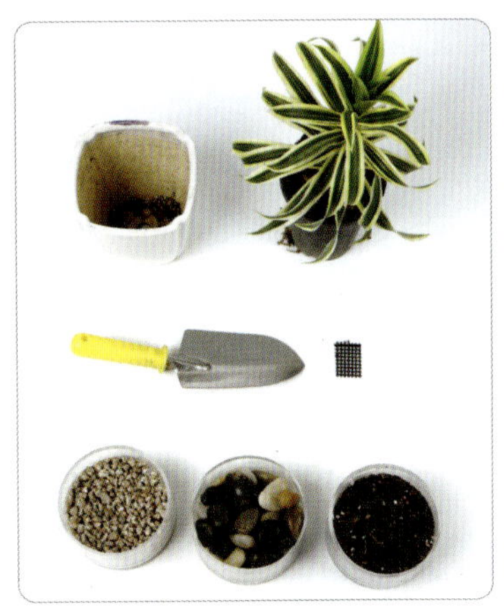

장　소	반양지
온　도	16~24℃
물주기	화분의 흙이 완전히 말랐을 때 물을 준다.
비　료	봄에서 여름의 생장기에 2주에 한 번 관엽식물용 복합비료를 준다.
병충해	응애, 깍지벌레
번　식	가지꽂이

재료　인디아 드라세나, 화분, 꽃삽, 깔망, 마사, 돌, 흙

특징

1 노란색 바탕의 잎에 짙은 녹색 무늬를 가진 송 오브 인디아 드라세나는 드라세나 중 특히 인기 있는 소형종이다.

2 줄기는 가늘고 마디가 비교적 길며 밑의 잎이 비교적 오래 남아 있다.

3 잎의 생김새가 화려하여 드라세나 종류 중에서 특히 고급스러운 느낌을 준다.

관리

■ 잎은 광택제 대신 젖은 수건이나 스펀지를 이용해 닦아 주고, 물을 줄 때는 샤워기로 씻어 주거나 분무해 주면 잘 자란다.

■ 빈약한 가지는 바로 잘라 내야 남은 가지에서 새로운 가지들이 자란다. 또 지나치게 무성해진 잎은 가지치기를 해서 정리해 주어야 새로운 가지가 잘 나온다.

■ 여름 성장기 동안 다른 계절보다 흙의 습도를 쾌적하게 유지해 주면 잘 자란다.

■ 겨울철에는 충분한 양의 햇볕을 쪼이다 볕이 따가워지면 직접 볕이 닿지 않는 곳으로 옮겨야 잎이 타는 것을 막을 수 있다.

화 분 갈 이

1 포트에서 식물을 분리한다.

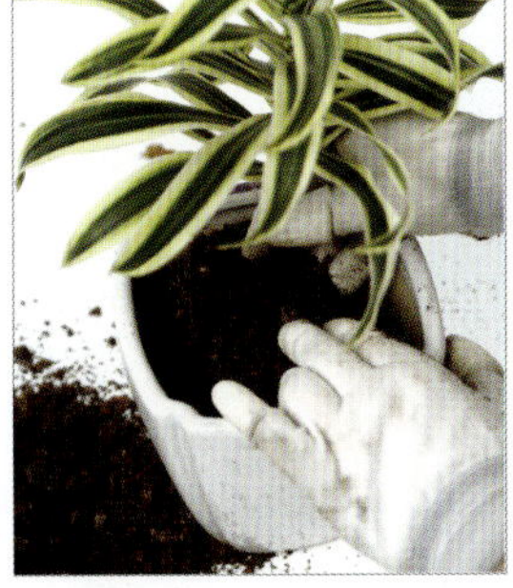

2 흙을 반쯤 털어낸 후 화분에 심는다.

3 식물 주변을 흙으로 채운다.

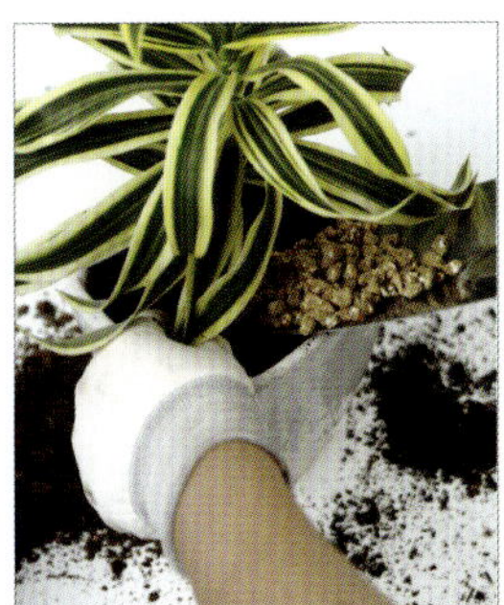

4 마지막에 마사로 채워 마무리한다.

드라세나 와네끼 [용설란과]

재료　드라세나 와네끼, 화분, 흙, 꽃삽,
　　　분무기

장 소	반음지
온 도	16~30℃
물주기	화분의 흙이 말랐을 때 물을 준다.
비 료	봄에서부터 여름에 걸쳐서 2주에 한 번 관엽식물용 복합비료를 준다.
병충해	쥐똥나무벌레, 깍지벌레
번 식	꺾꽂이

특징

1 드라세나 종은 줄기에 잎이 촘촘하게 붙어 나고 긴 피침 모양으로 되어 있으며 가죽 질감이다. 목본성 식물(식물의 중앙 부분이 발달되어 있는 다년생 식물)의 줄기 끝에 작은 꽃이 빽빽하게 피지만 거의 꽃을 보기 어렵다.

2 3~5m 정도 자라는 실내 관엽식물로, 줄기는 곧게 자라고 잎은 진녹색에 유백색의 세로선이 있고 사이사이에 녹색이 끼여 있다.

3 드라세나 종류는 50여 종이 있는데 공기정화에 좋은 식물 중 하나로 뛰어난 증산작용을 한다.

관리

■ 잎이 빽빽하게 차면 가지치기를 해 주고 1~2년에 한 번씩 분갈이를 해 준다.

■ 겨울철에는 비료를 주지 않으며 물 주는 횟수도 줄인다. 공중습도는 다소 높게 관리한다.

■ 주기적으로 화분 위치를 바꿔 골고루 볕을 받을 수 있도록 한다.

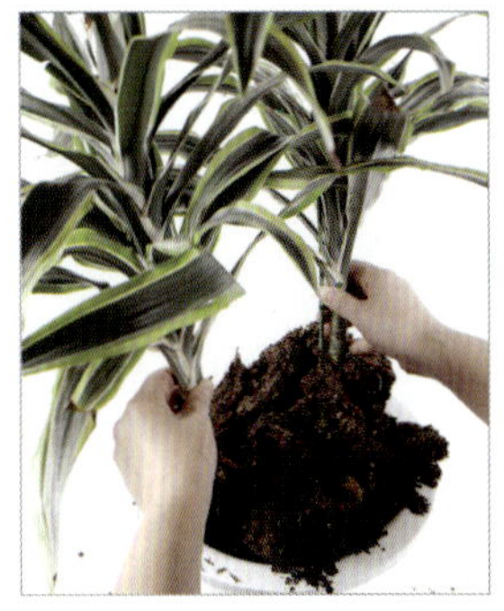

1 뿌리가 상하지 않도록 조심해서 빼낸다.

2 어느 정도 흙을 정리하고 화분에 옮겨 심는다.

3 화분에 골고루 흙을 담아 꾹꾹 눌러준다.

문라이트 [천남성과]

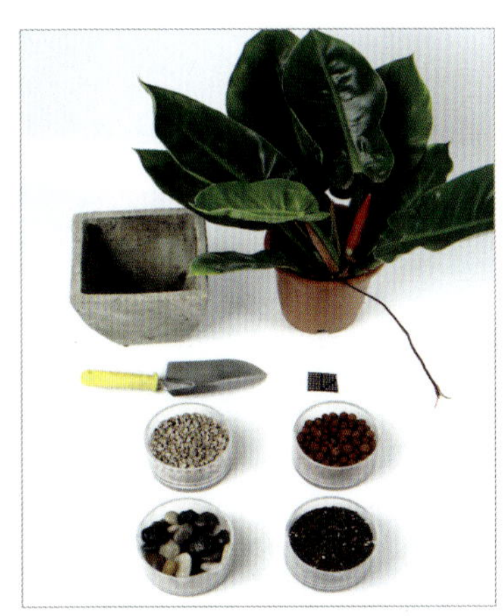

재료 문라이트, 화분, 꽃삽, 깔망, 마사,
　　 하이드로 볼, 돌, 흙

장 소	반음지
온 도	20~25℃
물주기	표면의 흙이 말랐을 때 물을 준다.
비 료	봄에서 가을까지 3주에 한 번 관엽식물용 복합비료를 준다.
병충해	진딧물, 거미 응애, 깍지벌레
번 식	줄기꽂이

특징

1 필로덴드론의 한 종류로 '문라이트' 라는 이름으로 유통되고 있다.

2 인위적인 변종으로 잎의 색이 독특하여 식물 애호가들에게 인기 있는 실내 식물 중 하나이다.

3 어린잎은 노란색을 띤 연둣빛의 형광색으로, 실내 장식에 이용 하면 근사한 분위기를 연출할 수 있다.

4 실내 관엽식물 중 고급 수종에 속하는 것으로, 공기정화 능력 또 한 뛰어나다.

관리

■ 높은 공중습도를 좋아하는 식물로 실내 공기가 건조할 경우 잎 에 분무해 준다.

■ 생장기에는 흙의 수분을 어느 정도 유지하는 것이 좋다.

■ 활발한 생장을 위해 덩이줄기와 관계없이 주기적으로 가지치기 를 해 준다. 분갈이는 3년마다 한 번씩 해 준다.

1 식물을 포트에서 분리한다.

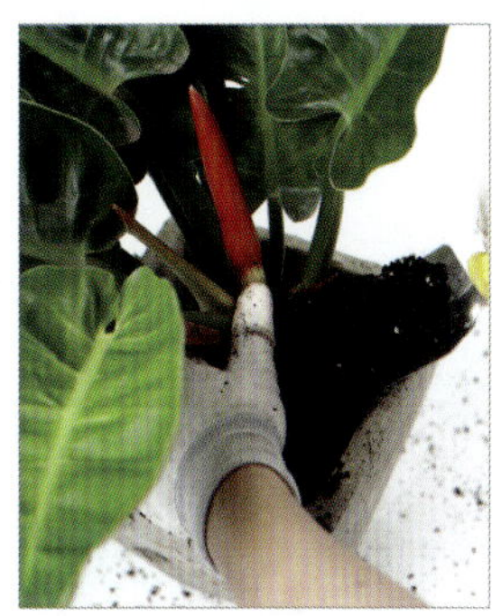

2 흙을 반쯤 털어낸 후 화분에 옮겨 심는다.

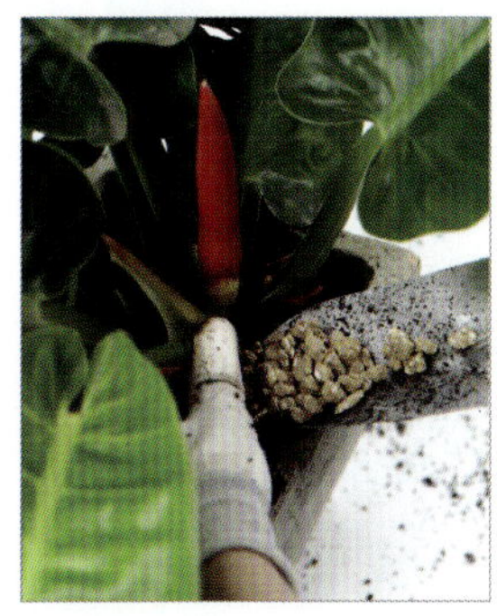

3 흙으로 채운 뒤 마사와 돌로 장식하여 마무리한다.

싱고니움 [천남성과]

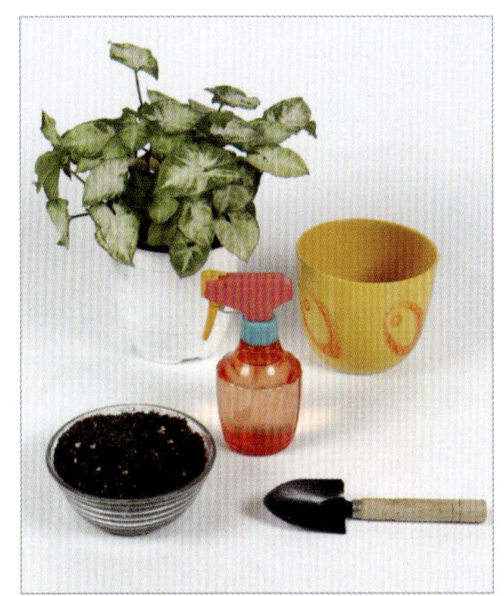

재료 싱고니움, 화분, 흙, 꽃삽, 분무기

장 소	반양지, 반음지
온 도	16~24℃
물주기	표면의 흙이 말랐을 때 물을 준다.
비 료	봄에서 가을에 걸쳐 2주에 한 번 관엽식물용 복합비료를 준다.
병충해	응애, 진딧물, 깍지벌레
번 식	꺾꽂이, 휘묻이

특징

1 열대 아메리카가 원산지인 덩굴성 식물로, 관리가 용이할 뿐 아니라 해충에도 강해 실내 원예 식물로 인기가 높다.

2 어릴 때는 가늘고 긴 잎 모양을 하고 있지만 자라면서 창 모양 혹은 별 모양의 형태로 바뀌게 된다.

3 암모니아 제거 기능이 뛰어나며 VDT 증후군에 좋아 컴퓨터나 TV 가까이에 두면 좋다.

관리

■ 습한 환경을 선호하므로 자주 분무해 주고 가끔 젖은 천으로 잎 표면의 먼지를 닦아 준다.

■ 탐스러운 외관을 유지하기 위해 정기적으로 가지치기를 해 주고 햇볕을 골고루 받을 수 있도록 화분을 돌려주는 것이 좋다.

■ 강한 햇볕에 장시간 노출되면 잎이 타들어가고, 반대로 햇볕을 너무 못 보면 연약하게 웃자랄 수 있으므로, 반양지나 반음지에 놓아야 한다.

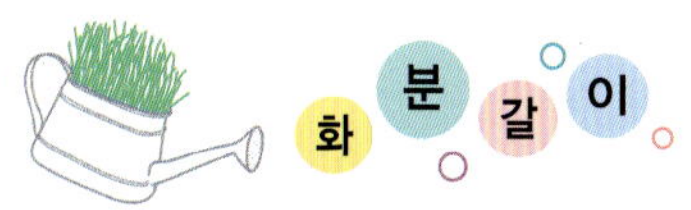

1 뿌리의 호흡작용과 배수를 위해 질석을 깔아준다.

2 뿌리째 빼낸 식물을 화분에 옮겨 심는다.

3 마지막에 부족한 흙을 채워 마무리한다.

스킨답서스 [천남성과]

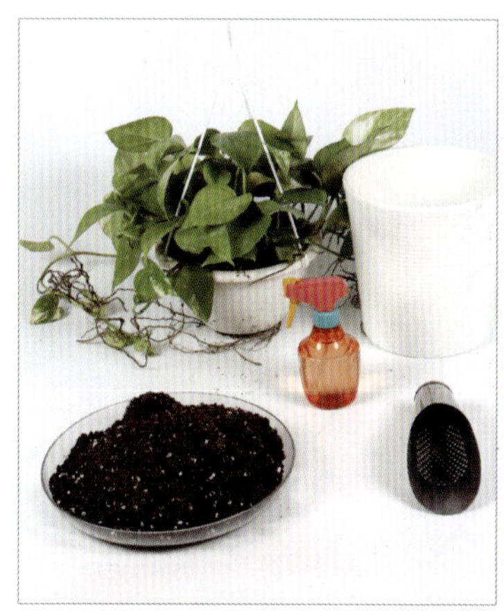

재료 스킨답서스, 화분, 흙, 꽃삽, 분무기

장 소	반음지, 음지
온 도	18~24℃
물주기	봄, 여름에는 흙이 마르기 시작할 때 물을 주고, 겨울에는 거의 물을 주지 않는다.
비 료	봄에서 가을에 걸쳐 2주에 한 번씩 액체비료를 연하게 준다.
병충해	진딧물, 깍지벌레
번 식	줄기꽂이

특징

1 덩굴성 열대 상록 관엽으로 수경재배는 물론 음지에서도 잘 자라 실내 어느 곳이나 배치가 가능하며, 특히 주방 장식에 알맞다.

2 생장이 빠를 뿐 아니라 재배와 관리가 편리하고 해충에도 강해 식물 기르기의 초보자에게 적합한 식물이다.

3 잎을 관상하는 덩굴성 식물이므로 걸이용 화분, 시렁, 틀 등 조금 높은 곳에 두고 기르면 장식용으로 효과적이다.

관리

■ 화분의 흙이 약간의 수분을 머금고 있어야 한다. 건조한 환경이 계속되면 생육 속도가 떨어지고 낙엽이 생길 수 있다.

■ 지나치게 많은 가지가 생기면 약한 가지는 잘라내 버리고, 잎 표면에 분무를 하거나 젖은 수건으로 닦아 주어 습도를 유지한다.

■ 생장기에는 표면의 흙이 마르지 않도록 수분 관리에 신경을 쓰도록 한다.

1 화분에서 식물을 뿌리째 덜어낸다.

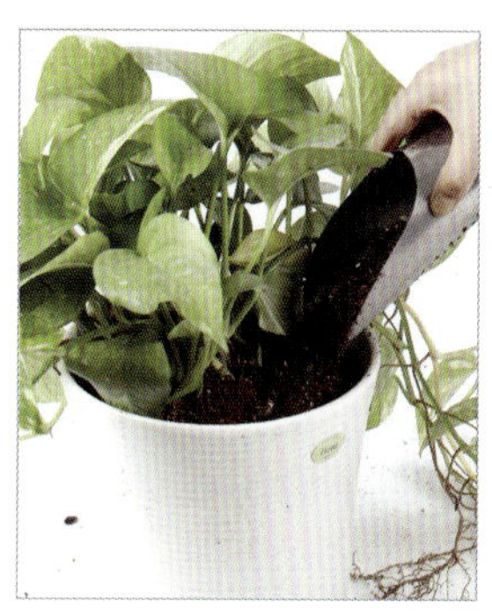

2 새로운 화분에 옮겨 심고 모자란 흙을 채워준다.

3 상하거나 마른 잎은 잘라낸다.

스파티필룸 [천남성과]

장 소	반양지, 반음지
온 도	16~24℃
물주기	여름철에는 흙이 마르기 전에 물을 주고, 겨울철에는 흙이 완전히 말랐을 때 물을 준다.
비 료	봄에서 가을에 걸쳐 2주에 한 번씩 관엽식물용 복합비료를 준다.
병충해	응애, 깍지벌레
번 식	포기나누기, 조직 배양, 씨뿌리기

재료 스파티필룸, 화분, 꽃삽, 깔망, 마사,
돌, 흙

특징

1 순백의 불염포가 특징인 스파티필룸은 대표적인 관엽식물이다.

2 알코올, 아세톤, 트리클로로에틸렌, 벤젠, 포름알데히드 등의 오염물질 냄새 제거 기능이 뛰어난 대표적인 공기정화 식물이다.

3 하얀색의 새 모양의 꽃이 지고 다음 해 다시 꽃대가 올라온다. 비교적 쉽게 키울 수 있다.

4 햇볕이 잘 들어오지 않는 곳에서도 잘 자라 현관, 욕실 등에 두면 좋다.

관리

■ 수경재배가 가능한 식물로 높은 공중습도를 좋아하며, 잎 표면에 자주 분무하여 싱싱한 외관을 유지할 수 있도록 한다.

■ 병충해가 잘 없는 식물이지만 매우 건조한 환경에서는 병충해가 발생하기도 한다.

■ 겨울철엔 물을 줄이고 비료도 주지 않는다.

■ 계절에 관계없이 오래된 꽃대는 잘라 버리는 것이 좋고, 매년 봄 분갈이를 해 준다.

화 분 갈 이

1 포트에서 식물을 분리한다.

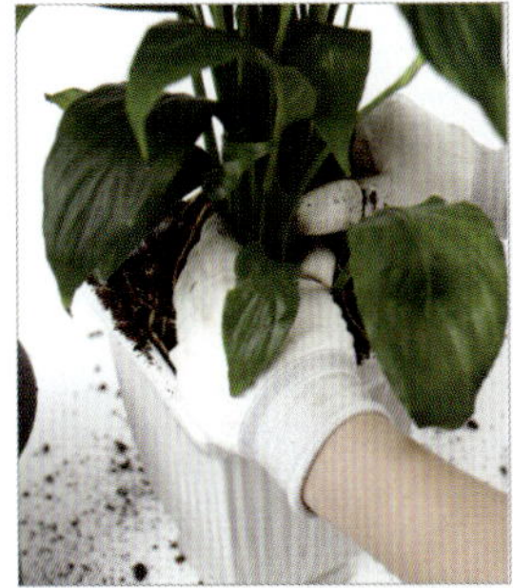

2 흙을 털어낸 후 그대로 화분에 심는다.

3 흙을 골고루 채워준다.

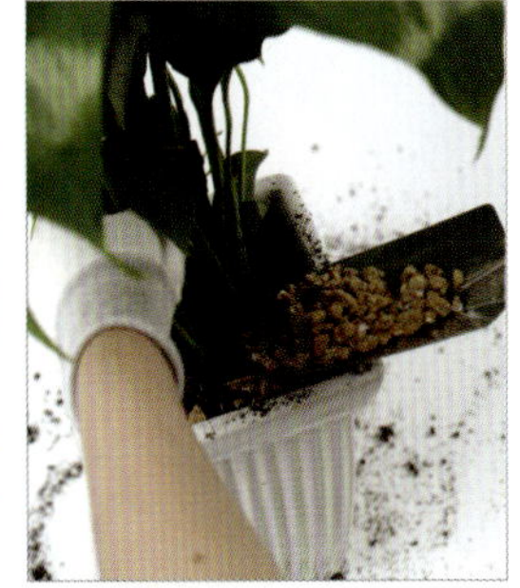

4 마사와 돌로 장식하여 마무리한다.

안시리움 [천남성과]

재료 안시리움, 화분, 꽃삽, 돌, 하이드로
볼, 흙,

장 소	반양지
온 도	18~24℃
물주기	화분의 흙이 말랐을 때 물을 준다.
비 료	봄에서 가을에 걸쳐 한 달에 한 번 관엽식물용 복합비료를 준다.
병충해	응애, 진딧물, 깍지벌레, 잿빛곰팡이병
번 식	포기나누기, 휘묻이, 씨뿌리기

특징

1 열대 원산지의 식물로 고온다습한 환경을 좋아해 환경만 잘 맞
춰 주면 아름다운 불염포를 오래 감상할 수 있다.

2 불염포가 흰색뿐인 스파티필룸과 달리 흰색, 빨간색, 분홍색, 산
호색 등 다양한 색을 지니고 있다.

3 사무실의 팩스, 복사기 등에서 발생하는 암모니아나 접착제 타
일, 커튼 등에서 발생하는 크실렌 및 톨루엔의 제거 기능이 뛰어
난 공기정화 식물이다.

4 냄새 제거 기능이 탁월해 화장실, 주방과 같은 장소에 두면 효과
적이다.

관리

■ 높은 공중습도를 좋아하지만 잎에 직접적으로 분무할 경우 갈색
얼룩이 생길 수 있으므로 주의한다.

■ 가끔 미지근한 물에 적신 천이나 스펀지로 잎을 닦아 준다.

1 포트에서 식물을 분리한다.

2 식물을 옮겨 심은 후 흙으로
채운 다음 돌과 하이드로 볼
로 장식한다.

재료 산호수, 화분, 흙, 꽃삽, 분무기

장 소	반양지, 반음지
온 도	13~25℃
물주기	표면의 흙이 마르면 물을 준다.
비 료	봄에서 가을에 걸쳐 2주에 한 번 관엽식물용 복합비료를 준다.
병충해	응애, 깍지벌레, 진딧물, 쥐똥나무벌레
번 식	포기나누기, 꺾꽂이

특징

1. 척박한 토양에서도 비교적 잘 견디며 내염성이 강해 해안가에서 잘 자란다.

2. 잎의 모양이 독특하고 포복성을 지녀 옆으로 넓게 뻗어 나가므로 지피식물(지표를 낮게 덮는 식물)로 사용하기에 좋다.

3. 탄소 동화작용이 뛰어나 주방에서 배출되는 일산화탄소 제거 능력이 뛰어난 공기정화 식물이다.

4. 6월에 흰색의 꽃이 피며 9월이 되면 붉은 열매가 열린다.

관리

- 물을 좋아하는 식물이므로 물을 줄 때는 듬뿍 주고, 자주 분무를 해 습도를 유지시켜 준다.

- 물이 부족하면 잎의 광택이 사라지고 잎 끝이 갈색으로 시들면서 떨어진다.

- 한번 물말림 현상이 발생하면 회복하는데 시간이 많이 소요되므로 주의한다.

1 아랫부분을 잡고 조심스럽게 화분에서 꺼낸다.

2 새 화분에 옮겨 심는다.

3 모자란 흙을 골고루 보충해 준다.

인도 고무나무 [뽕나무과]

재료 인도 고무나무, 화분, 흙, 꽃삽

장　소	반양지, 반음지
온　도	16~27℃
물주기	표면의 흙이 말랐을 때 물을 준다.
비　료	한 달에 한 번 관엽식물용 복합비료를 준다.
병충해	깍지벌레, 응애
번　식	꺾꽂이, 휘묻이

특징

1 양탄자나 벽지 등에서 나오는 유독가스를 흡수하고 머리를 맑게 하는 공기정화 식물로, 잎이 넓어 광합성과 공기정화 작용이 뛰어나다.

2 잎의 광택이 멋진 식물로 고온다습한 환경을 좋아해 여름철에 특히 잘 자라며, 3m 내외까지 자란다.

3 빅토리아 왕조 때부터 사랑 받아온 대표적인 공기정화 식물로 현재 강건한 식물체로 많이 개량되어 비교적 관리하기가 쉽다.

관리

- 실내 공기가 건조하면 하루에 1~2회 정도 잎부분에 분무해 싱싱한 외관을 유지한다.
- 여름철 물 준 후 잎에 물방울이 묻은 채 햇볕을 받으면 잎에 손상이 가므로 주의한다.
- 여름철 실외에서 직사광선을 쬐어 주면 마디 사이가 짧아지고 광택이 나서 아름답고 품위있어 보인다.
- 분갈이 시 지나치게 흙을 많이 털어 내면 후유증이 있을 수 있으며, 분갈이 후에는 바람이 불지 않는 반그늘에서 일주일 정도 적응시키도록 한다.

1 뿌리가 다치지 않도록 포트를 기울여 빼낸다.

2 분갈이 화분에 그대로 옮겨 심고 부족한 흙을 더 넣어 마무리한다.

프밀라 고무나무 [뽕나무과]

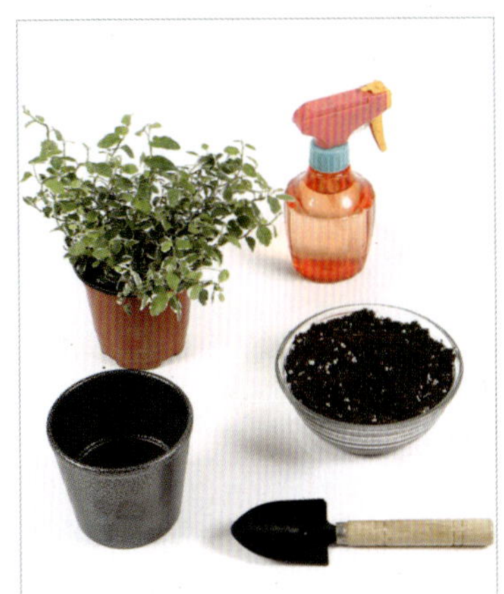

재료 프밀라 고무나무, 화분, 꽃삽, 흙, 분무기

장 소	반양지
온 도	8℃ 이상
물주기	표면의 흙이 말랐을 때 물을 준다.
비 료	5~9월 중 두 달에 한 번 관엽식물용 복합비료를 준다.
병충해	깍지벌레, 응애
번 식	꺾꽂이

특징

1 줄기가 가늘게 뻗어나가는 특성을 지니고 있지만 고무나무의 품종이다.

2 우리나라 남부, 일본, 대만, 호주 등이 자생지로 바위나 나무 등 다른 물체를 감고 자라는 덩굴성 식물이다.

3 10m 정도까지 자라는데 가정에서는 고목 등에 붙여 기르면 색다른 아름다움을 만날 수 있다.

관리

■ 잎 위에 먼지가 많이 있으면 흐르는 물로 깨끗이 씻어주고, 어수선하게 길게 자란 잎은 짧게 잘라내어 새 잎이 자라도록 한다.

■ 통풍이 잘 되는 밝은 장소에서 잘 자라는데, 강한 직사광선에 오래 노출되면 반점이 생기며 타버릴 수 있으므로 주의한다. 반면 햇볕이 너무 부족하면 줄기와 잎이 웃자라고 병충해가 발생할 수 있다.

■ 물말림 현상이 나타나면 잎이 쭈글쭈글해지며 말라 버리는데, 물을 흠뻑 주거나 물통에 담가 놓으면 원래 상태로 돌아온다.

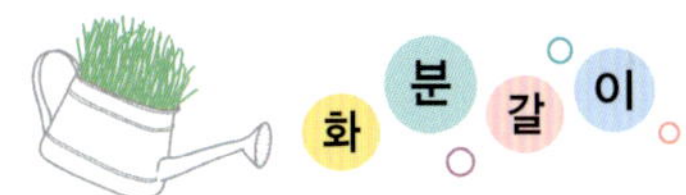

1 뿌리가 다치지 않도록 조심하여 화분에서 빼낸다.

2 흙을 털어내고 그대로 화분에 옮겨 심는다.

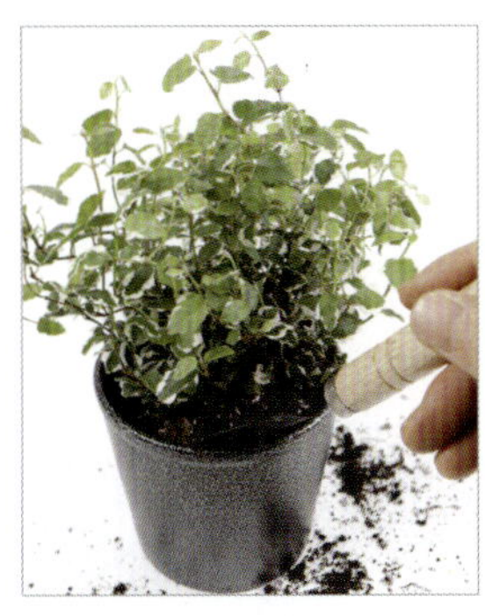

3 빈 공간이 없도록 흙으로 골고루 채운다.

벤자민 고무나무 [뽕나무과]

재료 벤자민 고무나무, 화분, 흙, 꽃삽

장 소	양지, 반양지
온 도	16~27℃
물주기	표면의 흙이 완전히 말랐을 때 물을 준다.
비 료	5~9월 중 두 달에 한 번 관엽식물용 복합비료를 준다.
병충해	응애, 깍지벌레
번 식	꺾꽂이, 접붙이기

특징

1 광택이 나는 작은 잎이 빽빽하게 자라는 고무나무의 종류로 새순을 따내 다양한 수형으로 재배할 수 있다.

2 키가 크고 가지가 아래로 늘어지며, 잎은 타원형으로 진녹색이다.

3 잎의 색과 크기, 식물의 크기에 따라 다양한 품종이 있는데 어떤 품종은 식용이 가능한 빨간 열매를 맺기도 한다.

관리

■ 실내에 있는 화분은 쉽게 건조되지 않으므로 물을 적게 주고, 10월부터는 물 주는 횟수를 줄여 잎이 떨어지지 않을 정도로만 관리한다.

■ 생장기에 충분한 햇볕을 받지 못하면 연약하게 자란다.

■ 실내 공기가 건조할 때는 매일 1~2회 정도 잎 표면에 분무해 싱싱한 외관을 유지한다.

■ 분갈이 시 지나치게 흙을 많이 털어내면 분갈이 후유증이 있을 수 있으므로 주의하고, 분갈이 후에는 바람이 불지 않는 반그늘에서 일주일 정도 적응시킨다.

1 뿌리가 다치지 않도록 조심해서 식물을 빼낸다.

2 화분에 흙이 골고루 꽉 차도록 채워준다.

벵갈 고무나무 [뽕나무과]

재료 벵갈 고무나무, 화분, 돌, 꽃삽, 마사, 흙, 이끼

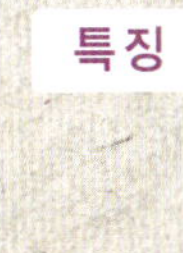

특징

1 고무나무 중에서 가장 성장 속도가 빠른 편으로 야생에서는 30m까지 자라며 뿌리와 줄기가 엉키기 때문에 한 그루의 나무가 수풀을 이룬 것처럼 보인다.

2 열매는 식용 가능하며, 잎은 인도 등지에서는 접시 대용이나 코끼리의 사료로 쓰인다.

3 포름알데히드 제거력과 미세먼지 흡착력이 뛰어난 실내 공기정화 식물이다.

4 빳빳하고 큼직한 잎이 규칙적으로 나 있어 깔끔한 분위기를 풍긴다.

관리

■ 고무나무 종은 햇볕을 좋아하므로 실내에서 키울 경우 통풍이 좋고 햇볕을 잘 받을 수 있는 장소에 둔다.

■ 고온다습한 환경을 좋아하지만 지나친 물말림과 과습은 피해야 한다.

■ 열대가 원산지인 식물이라 추위에 약하므로 온도 관리에 신경을 써야 한다.

■ 여름철 간혹 실외에서 직사광선을 쬐어 주면 마디 사이가 짧고 광택이 나며 아름답고 품위있게 자란다.

화 분 갈 이

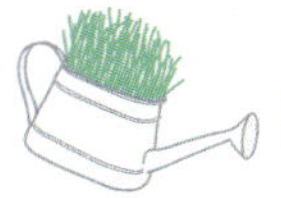

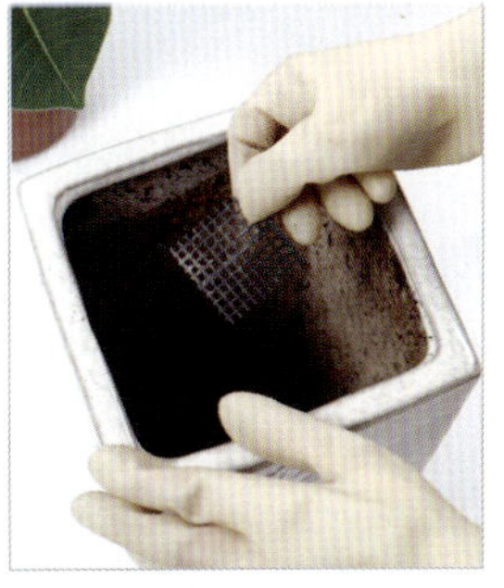

1 깔망으로 화분의 배수구를 가려 준다.

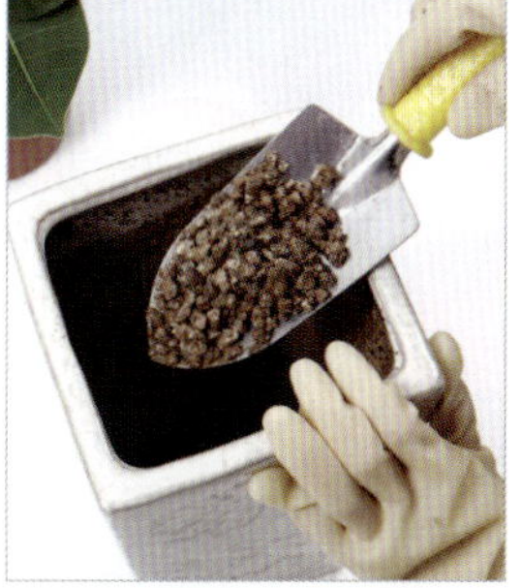

2 마사를 깔아 배수층을 충분히 만들어 준다.

3 포트에서 식물을 분리하여 화분에 옮겨 심는다.

4 돌과 이끼로 장식하여 마무리한다.

킹벤자민 고무나무 [뽕나무과]

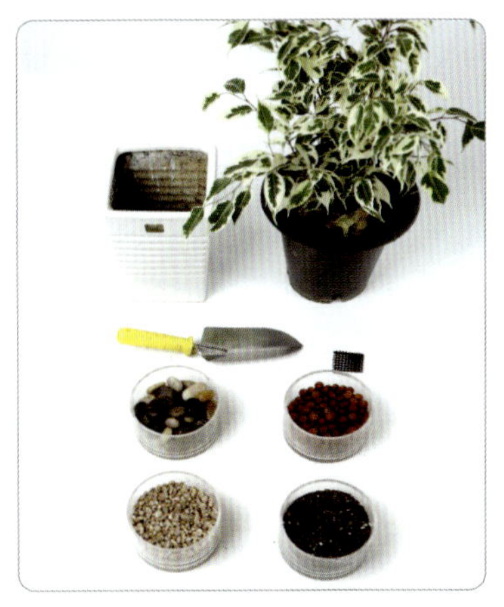

장 소	양지, 반양지
온 도	10~25℃
물주기	겉흙이 완전히 마르면 물을 충분히 준다.
비 료	5~9월 중 두 달에 한 번 관엽식물용 복합비료를 준다.
병충해	깍지벌레
번 식	꺾꽂이

재료 킹벤자민, 화분, 꽃삽, 깔망, 돌, 하이드로 볼, 마사, 흙,

특징

1 잎이 촘촘하게 나는 고무나무 품종으로 새순을 따내어 다양한 수형으로 재배할 수 있다.

2 일반 가정이나 대형 쇼핑센터, 공공건물의 로비 등지에서 자주 볼 수 있는 식물로 벤자민과 달리 잎이 크고 넓으며 가지가 길게 늘어지는 형태이다.

3 포름알데히드 제거 능력이 특히 우수하며 아황산, 아질산의 흡수 능력이 뛰어나다.

관리

■ 다른 고무나무류와 마찬가지로 햇볕을 좋아하는데 장기간 햇볕을 보지 못하면 가지가 웃자라 잎이 떨어질 수 있다.

■ 10월부터는 서서히 물 주는 횟수를 줄여 겨울철에는 잎이 떨어지지 않을 정도로 건조하게 관리한다.

■ 햇볕의 변화에 민감한 편으로 갑작스러운 환경 변화는 피해야 하며, 분갈이 시 지나치게 흙을 많이 털어내면 후유증이 있을 수 있으므로 바람이 불지 않는 반그늘에서 일주일 정도 적응시킨다.

1 포트에서 식물을 분리한다.

2 흙을 반쯤 털어낸 뒤 화분에 옮겨 심는다.

3 식물 주변에 모자란 흙을 골고루 채워준다.

4 마사와 돌, 하이드로 볼을 깔아 마무리한다.

휘카스 움베라타 [뽕나무과]

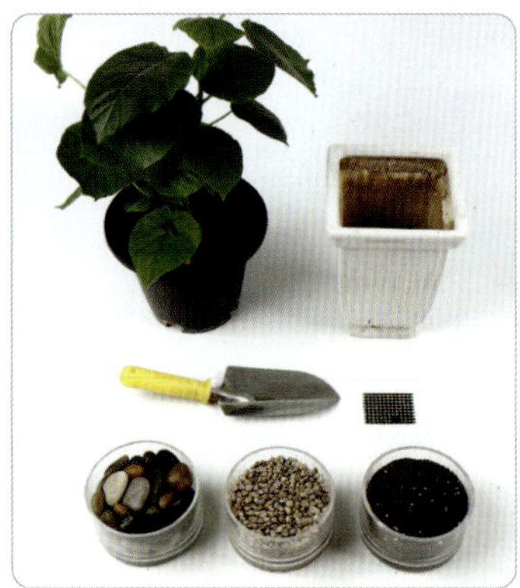

장 소 양지

온 도 15~23℃

물주기 표면의 흙이 말랐을 때 물을 듬뿍 준다.

비 료 관엽식물용 액체비료를 월 1회 준다.

병충해 탄저병

번 식 꺾꽂이

특징

1 담배 냄새 제거에 효과적이고 음이온 생성량이 국내식물 중 가장 높다.

2 잎이 넓고 둥근 모양으로 연녹색의 관목 식물이다.

관리

■ 겨울에는 최저 5℃를 유지해야 하고, 매년 이른 봄에 분갈이를 해 준다.

■ 이른 봄에 긴 가지를 잘라 주면 그 해 생장이 촉진되어 잎이 무성하게 자란다.

화 분 갈 이

1 화분에 흙을 1/3 정도 채워 준다.

2 포트에서 식물을 분리한다.

3 화분에 식물을 옮겨 심고 부족한 흙을 채워준다.

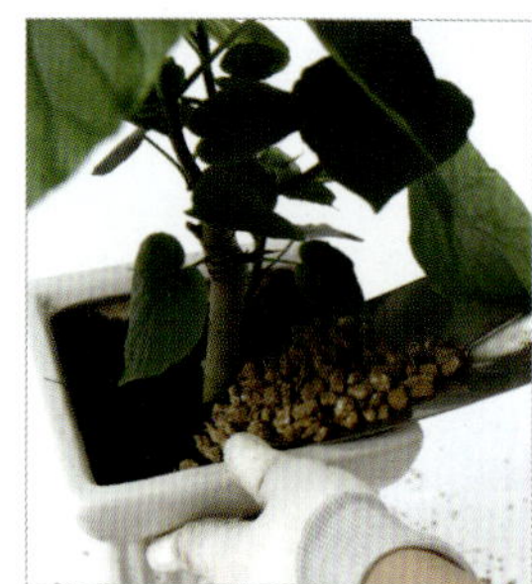

4 마사와 돌로 장식하여 마무리한다.

구문초 [가지과]

장 소 양지, 반양지

온 도 18~20℃

물주기 표면의 흙이 말랐을 때 물을 흠뻑 준다.

비 료 생장기에 고형비료를 화분가에 조금 얹어주
거나 정기적으로 캡슐형 복합비료를 준다.

병충해 곰팡이병

번 식 꺾꽂이

특징

1 벌레 퇴치 식물로 알려져 있으며, 최근엔 모기 퇴치용 식물로 많이 판매되고 있다.

2 향균, 살균, 방충, 소염작용을 포함하고 있어 모기향 매트의 재료로 사용되기도 한다.

관리

■ 따뜻한 온도를 좋아하고 추위에 약하므로 햇볕이 잘 드는 곳에서 키운다.

■ 바람이 잘 통하는 곳에서 배수가 잘 되도록 한다.

1 포트에서 식물을 분리한다.

2 화분에 그대로 옮겨 심는다.

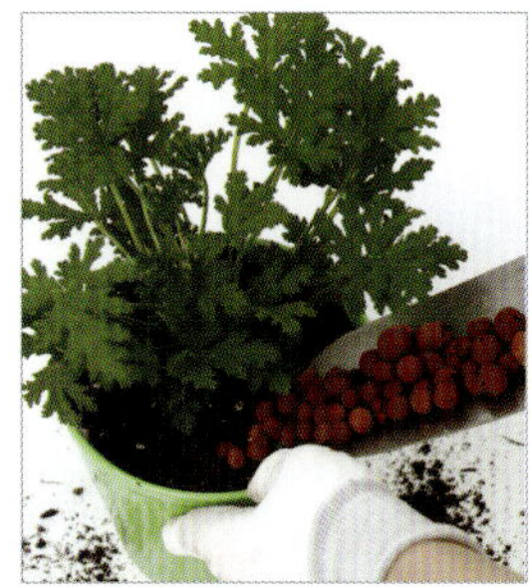

3 흙으로 채워준 후 하이드로
볼로 덮어준다.

행운목 [용설란과]

장 소	반음지
온 도	12~25℃
물주기	물은 일주일에 한 번 충분히 준다.
비 료	비료는 물을 줄 때 알카톤을 1000배로 희석하여 엽면시비해 주는 것이 좋다.
병충해	응애
번 식	꺾꽂이, 휘묻이

✤ 엽면시비(葉面施肥) : 물에 탄 비료를 식물 잎에 직접 분무하는 방법으로, 영양분이 빨리 흡수된다.

재료 행운목, 화분, 꽃삽, 깔망, 마사, 흙, 돌

특징

1 행운목은 새집증후군의 원인 중 하나인 포름알데히드 제거 효과가 우수하고, 접착제, 타일, 벽지, 페인트 등에서 발생되는 크실렌, 톨루엔 등의 제거율이 높다. 실내 공기정화의 기능이 탁월한 식물이다.

2 4~5월에 흰색의 꽃이 핀다.

3 꽃에서 하얀 끈적끈적한 진이 나오는데 향기가 꽃식물의 향보다 더 뛰어나다.

관리

■ 강한 직사광선에서는 잎이 타는 경우가 많으므로 여름에는 반드시 반음지에 두어야 한다.

■ 여름에는 하루에 2번 정도, 겨울에는 하루에 1번 정도 잎에 분무해 준다.

■ 물은 일주일에 1번 주면 충분하다. 이때 나무 줄기에도 충분하게 물을 적셔 준다.

✎ 유리그릇에 작은 행운목을 키울 때는 하루에 1번 물을 준다.

화 분 갈 이

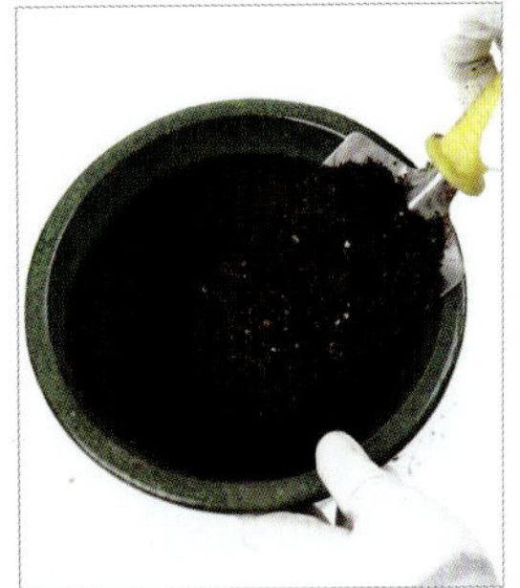

1 준비된 화분이 깊을 경우 흙을 어느 정도 채워준다.

2 식물을 화분에 옮겨 심는다.

3 식물 주변에 모자란 흙을 채워준다.

4 마사를 깔아 마무리한다.

관음죽 [야자과]

재료 관음죽, 화분, 흙, 꽃삽

장 소	반음지
온 도	16~21℃ 이상
물주기	표면의 흙이 말랐을 때 물이 흐를 정도로 듬뿍 준다.
비 료	5~8월 사이에 2주마다 묽은 액체비료를 준다.
병충해	깍지벌레, 응애
번 식	씨뿌리기, 포기나누기

특징

1 가장 대중적인 실내 관엽식물의 하나로 야자나무 중 가장 작은 수종이며, 동양적인 멋을 풍기는 식물이다.

2 음지에 비교적 강한 식물로 햇볕이 많지 않은 실내에서도 잘 자라며 열대식물이지만 추위에도 잘 견딘다.

3 암모니아 제거율 1위의 대표적인 공기정화 식물이다.

관리

■ 실내 공기가 건조한 경우 하루에 1~2차례 정도 잎에 분무해 준다.

■ 건조한 환경을 싫어하지만 과습하면 뿌리가 상하기 쉬우며, 반대로 너무 건조하면 잎이 갈색으로 변한다.

■ 직사광에 노출되면 잎이 타들어가는 현상이 나타날 수 있으므로 커튼을 통과하는 부드러운 볕 정도의 장소에 두는 것이 제일 좋다.

■ 분갈이는 2년마다 한 번씩 봄에 해 준다.

1 흙이 쏟아지지 않도록 화분을 기울여 빼낸다.

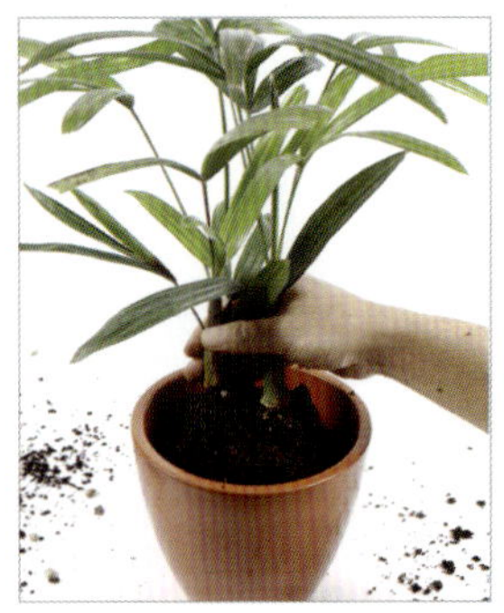

2 옮겨 심을 화분에 흙과 함께 그대로 심는다.

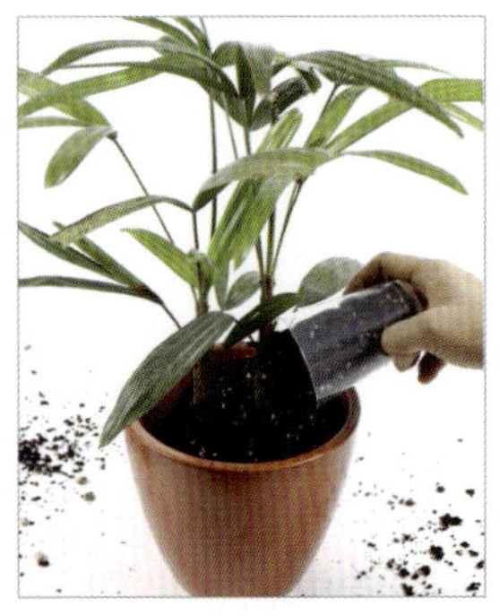

3 흙을 골고루 꽉 채워준다.

테이블 야자 [야자과]

재료 테이블 야자, 화분, 흙, 꽃삽, 분무기

장 소	반양지, 반음지
온 도	20~27℃ 이상
물주기	흙이 마르기 전에 물을 준다.
비 료	봄에서 가을에 걸쳐 한 달에 한 번 관엽식물용 액체비료를 준다.
병충해	쥐똥나무벌레, 깍지벌레, 거미응애
번 식	포기나누기, 휘묻이, 씨뿌리기

특징

1 야자나무 종류 중에서는 가장 섬세한 외관을 하고 있으며 생육이 느린 편이다.

2 햇볕 부족과 건조한 환경에도 잘 견디므로 키우기 쉬우며 암모니아 제거 능력이 탁월한 공기정화 식물이다.

3 깃털 같은 진녹색의 잎이 방사형으로 자라며 노란색과 검은색 열매를 맺는다.

관리

■ 여름철에는 건조에 특히 약하므로 흙이 마르지 않도록 하고, 햇볕을 너무 많이 쪼이면 잎이 노랗게 변하므로 주의해야 한다.

■ 지나치게 과습하거나 건조할 경우 병해충이 생길 수 있으므로 유의한다.

■ 매년 봄에 분갈이를 해 준다.

1 화분을 기울여 흙이 한 번에 쏟아지지 않도록 조심해서 빼낸다.

2 흙을 조금 털어내고 옮겨 심을 화분에 담는다.

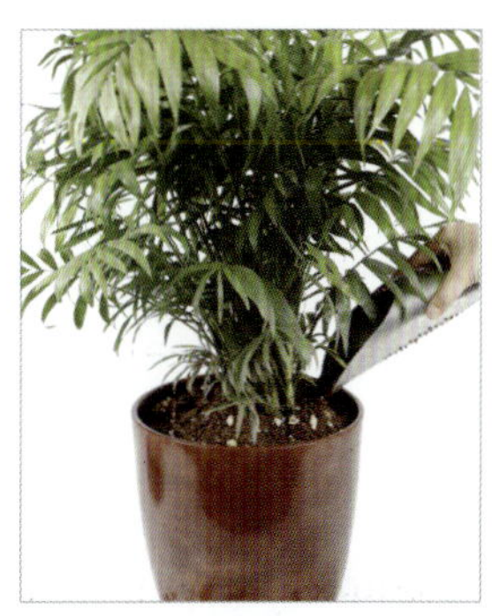

3 부족한 흙을 골고루 채워 마무리한다.

인삼 벤자민 [뽕나무과]

재 료
인삼 벤자민, 화분, 꽃삽, 깔망, 흙, 마사, 돌

장 소	양지
온 도	25~30℃ 이상
물주기	직사광선에서 물이 마르지 않도록 물을 자주 준다.
비 료	성장기인 5~9월에 월 2회 액체비료를 준다.
병충해	깍지벌레
번 식	삽목

특징

1. 공기정화 능력에 탁월한 효과가 있다.
2. 성장력이 왕성한 식물이다.
3. 뿌리 모양이 인삼을 닮아 인삼 벤자민이라 하고, 사무실이나 가정 등에 장식용으로 좋다.

관리

- 여름철에는 물이 마르지 않도록 매일 매일 물을 흠뻑 준다.
- 물을 줄 때 잎에 물방울이 묻으면 얼룩이 생길 수 있다.
- 내한성이 강해 5~8℃에서도 잘 견딘다. 2~3년마다 봄에 분갈이를 해 준다.
- 물과 비료를 많이 주거나 볕이 부족하면 잎이 떨어지므로 주의한다.

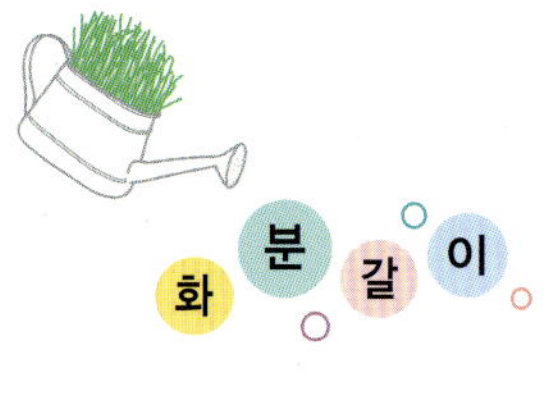

화 분 갈 이

1 포트에서 식물을 분리한다.

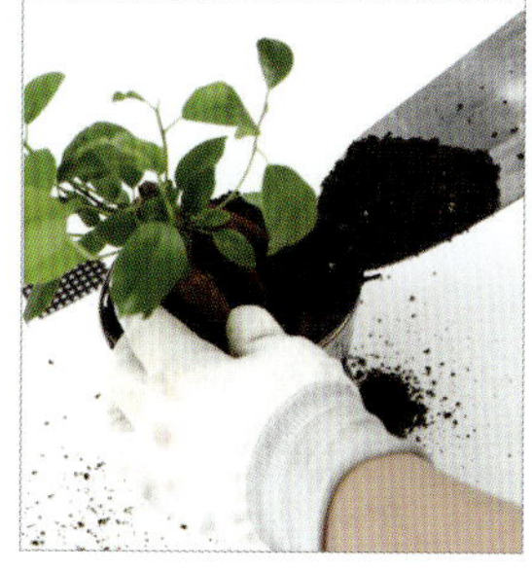

2 화분에 옮겨 심고 흙을 골고루 채운다.

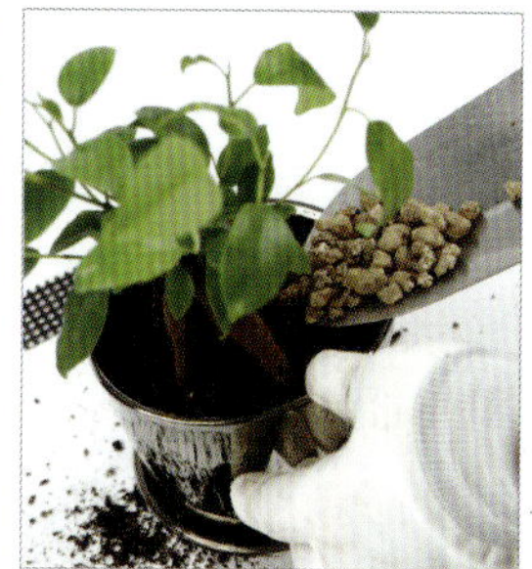

3 마사와 돌로 장식하여 마무리한다.

파키라 [물밤나무과]

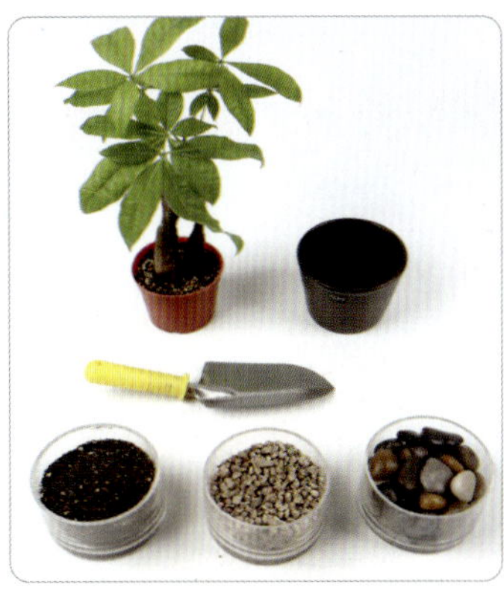

파키라, 화분, 꽃삽, 흙, 마사, 돌

장 소 반음지

온 도 20~25℃

물주기 흙이 마르기 전에 물을 준다.

비 료 5월에 한 번 정도 완효성 입상비료를 준다.

병충해 응애

번 식 씨뿌리기, 삽목, 물꽂이

특징

1 이산화질소의 제거에 탁월한 효과가 있다.

2 파키라를 잘 키우면 집안에 원흉이 사라진다는 속설이 있다.

3 햇볕이 많은 곳일수록 줄기가 굵어지고 생장 속도가 빠른 편이다.

관리

■ 추위에 약하므로 최소 5~7℃ 이상의 온도 관리가 필요하다.

■ 고온건조기에는 잎에 물을 뿌려 주는 것이 좋고, 겨울에는 약간 건조하게 유지하는 것이 좋다.

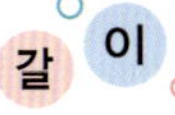

화 분 갈 이

1 화분에 흙을 조금 채운다.

2 포트에서 식물을 분리한다.

3 흙을 반쯤 털어낸 후 화분에 옮겨 심는다.

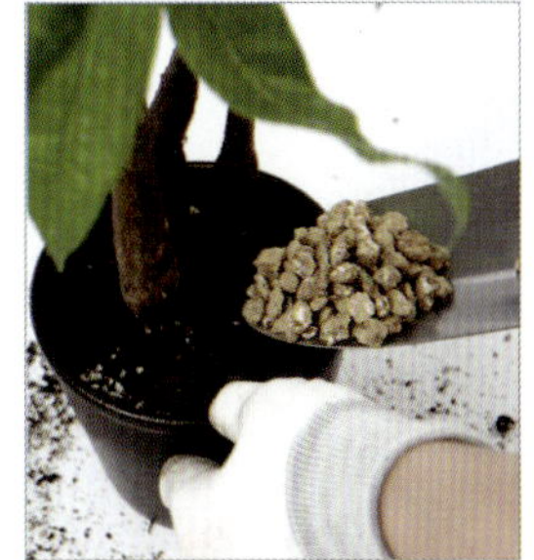

4 마사와 돌로 장식하여 마무리한다.

디펜바키아 [천남성과]

장 소	반양지
온 도	16~27℃
물주기	여름철에는 표면의 흙이 마르기 시작할 때, 겨울철에는 완전히 말랐을 때 물을 준다.
비 료	봄부터 가을까지 한 달에 한 번 정도 관엽식물용 비료를 준다.
병충해	응애, 진딧물, 깍벌레
번 식	꺾꽂이, 포기나누기, 배양

특징

1 둥근 모양의 잎에는 녹색, 흰색, 크림색의 알록달록한 무늬가 있어 관상 가치가 높을 뿐 아니라 포름알데히드나 크실렌, 톨루엔의 제거율이 높은 대표적 공기정화 식물이다.

2 디펜바키아는 어느 부분이든 수산화칼슘이라는 독소가 있어 입 안에 넣게 되면 혀와 성대가 부어오르면서 마비가 되므로 주의해야 한다.

관리

■ 가끔 분무해 주면 싱싱한 외관을 유지할 수 있으며 강한 직사광이나 어두운 곳에서는 잎의 색이 흐려진다.

■ 바람이 직접 닿지 않는 곳에 두는 것이 좋은데, 생장기에는 어느 정도 차광이 되는 실외에 둔다.

■ 겨울철에는 흙을 약간 건조하게 유지시키면 8~10℃의 실온에서 겨울을 날 수 있으며, 밤에는 특히 보온에 신경쓰도록 한다.

  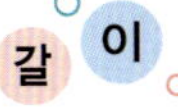

화분갈이

1 흙이 쏟아지지 않도록 하며 식물을 포트에서 빼낸다.

2 옮겨 심을 화분에 흙과 함께 그대로 심어 준다.

3 흙이 골고루 꽉 차도록 채워 준다.

4 분갈이 후 누렇게 변한 잎은 가위로 잘라 정리한다.

보스턴 고사리 / 실버레이디 [고사리과]

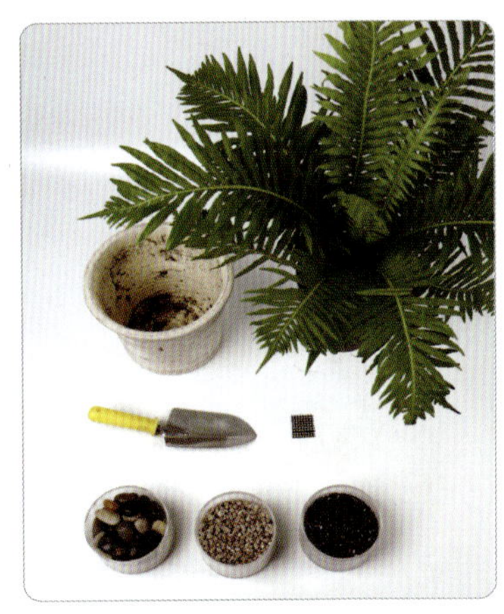

장 소	반양지, 반음지
온 도	10~25℃
물주기	흙이 마르기 전에 물을 주며 잎에 자주 분사해 준다. 성장기엔 규칙적으로 물을 준다.
비 료	봄부터 가을까지 관엽식물용 비료를 한 달에 한 번 정도 주면 된다.
병충해	쥐동나무벌레, 진딧물, 깍지벌레
번 식	포기나누기(식물이 옆에서 새로 나오며 자란다. 자라나는 식물을 포기 나누어 번식한다.)

재료 보스턴 고사리, 화분, 꽃삽, 깔망, 돌, 마사, 흙

특징

1 고사리과 식물로 생명력이 강하고 화려하다. 아래로 늘어지거나 위로 바르게 자라는 시원한 느낌을 주는 식물이다.

2 걸이용 화분에 키우면 잎이 아래로 흘러 내려 청량감을 준다.

3 포름알데히드 제거 능력과 증산작용이 뛰어나며 담배연기 제거 능력이 뛰어나다.

관리

■ 높은 공중습도를 유지하도록 한다.

■ 잎들이 누렇게 변하거나 하면 계절과 상관없이 자주 잘라 손질해 준다.

■ 2년마다 한 번씩 봄에 분갈이를 해 준다.

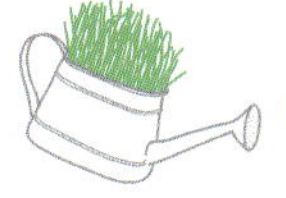  화 분 갈 이

1 준비된 화분의 구멍을 깔망으로 가린다.

2 식물을 포트에서 분리한다.

3 화분에 식물을 그대로 옮겨 심는다.

4 흙으로 채워준 다음 마사와 돌을 그 위에 깔아준다.

율 마 [측백나무과]

재료 율마, 화분, 흙, 분무기, 꽃삽

장　소	양지, 반양지
온　도	15~23℃ 이상
물주기	여름철에는 흙이 마르기 전에, 겨울철에는 흙이 말랐을 때 물을 준다.
비　료	봄에서 가을에 걸쳐 캡슐형 완효성 복합비료를 준다.
병충해	청벌레, 진딧물, 깍지벌레
번　식	꺾꽂이

특징

1 분화용으로 각광받는 식물로, 최근에는 전나무 대신 크리스마스 트리로도 많이 사용되고 있다.

2 산림욕의 효용 근원인 피톤치드를 발산하여 실내 공기정화에 효과적인 식물로, 유럽에서는 오일을 채취하거나 원예 치료용으로 이용하기도 한다.

3 피톤치드를 발생시켜 실내 공기정화에 더없이 좋은 식물이다.

관리

■ 키우기가 까다로운 식물로, 물을 말릴 경우 잎 끝부터 변색되어 회복이 어렵게 된다.

■ 분갈이 시 뿌리 주변의 흙을 너무 많이 털어내면 후유증이 있을 수 있으며, 한쪽만 너무 많은 햇볕을 받게 되면 모양이 흐트러지거나 갈변될 수 있으므로 고루 햇볕을 받을 수 있도록 한다.

■ 가위에 잘린 부분은 갈변되어 회복이 어려울 수 있으므로 손으로 끝순 마디를 뽑아 내는 방법으로 가지치기를 한다.

■ 통풍이 잘 되는 장소에 두고 관리한다.

1 뿌리가 다치지 않도록 천천히 흙과 함께 포트에서 빼낸다.

2 흙을 조금 털어내고 새 화분에 옮겨 심는다.

3 흙을 꾹꾹 눌러가며 채워 마무리한다.

식물 분갈이

분갈이

오랫동안 분갈이를 하지 않은 식물은 화분의 통풍이 나쁘고 물이 고여 잘 흘러내리지 않아 뿌리가 썩기 때문에 식물의 생장을 저해하거나 죽게 할 수도 있다. 따라서 일정 기간이 되면 분갈이를 하여 식물이 잘 자랄 수 있도록 해야 한다. 큰 화분에 식물을 심으면 자주 분갈이를 해 줄 필요도 없고 뿌리가 더 잘 뻗어 식물이 더 잘 자랄 수 있을 것이라고 생각하기 쉬우나 실제는 그 반대이다. 처음부터 너무 큰 화분에 식물을 심는 것보다 다소 작은 듯한 화분에 심어 뿌리가 화분에 가득차면 옮겨 심는 것이 좋다.

분갈이하는 시기는 식물마다 조금씩 다르지만 생장이 빠른 관엽식물이나 꽃이 피는 화초는 일반적으로 일년에 한 번 정도 분갈이를 해 주는 것이 좋다. 크기가 큰 관엽식물이나 생장이 느린 선인장 및 다육식물은 2~3년마다 한 번씩, 난은 화분에 뿌리가 가득 찼을 때 분갈이를 해 주도록 한다.

분갈이는 대부분의 식물들이 새로운 생장을 시작하는 이른 봄에 하는 것이 좋지만 물을 준 후 화분의 흙이 너무 빨리 마른다거나, 화분의 크기에 비해 식물이 지나치게 크다거나, 식물의 잎이 누렇게 변한다거나, 낙엽이 진다면 뿌리를 위한 공간이 충분치 못하다는 뜻이므로 새로 분갈이를 해 주는 것이 좋다.

분갈이용 화분 준비

토분은 분갈이 전에 물에 흠뻑 불려서 수분을 충분히 머금도록 하는 것이 좋다. 건조한 토분을 그대로 사용하면 화분 흙의 수분을 빨아들여 식물에 필요한 수분까지 가져갈 수 있기 때문이다. 준비한 화분의 $\frac{1}{5}$ 정도는 깨진 분이나 굵은 모래 등을 넣어 배수를 원활하게 해준다.

또 화분 밑구멍으로 민달팽이나 깍지벌레 등이 들어갈 수도 있으므로 깔망 등으로 덮어주는 것을 잊지 말아야 한다.

✕ 뿌리의 처리

보통은 뿌리를 헤쳐 정리한 후 옮겨 심지만, 포트에서 옮겨심기할 때는 그대로 포트에서 빼내어 뿌리째 옮겨 심는다. 뿌리 중에 간혹 흙과 함께 경단처럼 둥글둥글 뭉쳐있는 경우가 있는데 이는 가볍게 털어 내거나 물로 가볍게 씻어 낸 후 옮겨 심는다. 또, 이끼로 뿌리를 감싼 것은 반드시 이끼를 제거한 후 심도록 한다.

✕ 옮겨심기

너무 깊이 심지 않도록, 물이 고이는 분량을 감안하여 흙은 8할 정도로 넣는다. 식물을 새로이 심을 때는 묘나 포기의 밑뿌리를 세게 누르지 않도록 하며, 물을 주어 흙이 자리를 잡도록 한다. 분갈이 후 물을 준 다음에는 흙이 마를 때까지 다시 물을 주면 안 된다. 식물이 싱싱해 보이지 않는다고 해서 너무 자주 물을 주게 되면 뿌리가 썩을 수 있다. 만약 분갈이 후 식물이 몸살을 앓는다면 3~4일 정도 바람이 적은 그늘에 두고 회복시켜 주도록 한다.

❶ 뿌리가 상하지 않도록 포트에서 식물을 빼낸다.
❷ 준비된 화분에 그대로 옮겨 심는다.
❸ 영양분이 고루 섞인 흙을 채워 넣는다.
❹ 빈 공간이 생기지 않도록 꾹꾹 눌러 준다.

1

2

3

4

알아두면 좋아요

시들지 않은 잎이 떨어진다면?

화분 안에 뿌리가 가득차서 잎까지 영양분이 미치지 못한 경우이거나, 물이 부족한 경우이다. 첫 번째 이유라면 새 화분으로 분갈이를 해 주면 되고, 물이 부족한 경우에는 줄기를 확인해 보고 살아 있다면 충분히 수분을 공급해 주면 다시 새 잎이 나오게 된다.

✻ 뿌리가 화분에 가득 찼을 때 분갈이하기

재료 : 분갈이할 식물, 옮겨 심을 화분, 배양토, 꽃삽, 망치, 분무기

분갈이하기

❶ 망치를 이용하여 뿌리가 상하지 않도록 기존의 화분을 조심스럽게 두드려 깬다.

❷ 엉겨 붙어 있는 화분 조각을 조심스레 떼어 낸다.

❸ 화분에 식물을 옮겨 심고 흙을 덮은 후 살짝 눌러 준다.

❹ 충분한 양의 물을 준다.

✻ 허브식물 분갈이하기

재료 : 분갈이할 허브, 옮겨 심을 화분, 마사, 배양토, 꽃삽

분갈이하기

❶ 흙이 빠져나가지 않도록 화분 아래 구멍에 망을 깔고 원활한 배수를 위해 마사를 먼저 깔아 준다.

❷ 마사를 깐 위에 배양토를 $\frac{1}{3}$ 정도 채운다.

❸ 허브를 옮겨 심는다.

❹ 흙을 골고루 채우고 빈 공간이 없도록 눌러 준다.

✿ 폴리샤스 분갈이하기

재료 : 분갈이할 식물, 옮겨 심을 화분, 배양토, 꽃삽, 망치, 분무기

분갈이하기

❶ 화분을 돌려가며 굳어진 흙을 분리시킨다.

❷ 뿌리가 흔들리지 않도록 조심스레 분리시킨다.

❸ 준비된 화분에 식물을 그대로 옮겨 심는다.

❹ 배양토로 골고루 채우고 빈 공간이 없도록 꼭꼭 눌러 준다.

폴리샤스는 뿌리가 실보다 가늘어 매우 약하며 심하게 스트레스를 받는 식물이기 때문에 가정에서 키우면 실패할 경우가 많다. 그러나 잎이 잘 나오는 장점이 있다. 뿌리가 흔들리지 않도록 끈으로 줄기를 잘 고정시켜 준다.

알아두면 좋아요
난 종류의 분갈이

서양란과 동양란은 분갈이하는 흙의 종류가 다른데, 보통 서양란은 소나무 껍질이나 수태 등에 심고 동양란은 난석에 심는다. 난석의 굵기는 세 종류가 있는데, 가늘고 긴 난초 화분의 특징을 고려해서 배수성과 건조 속도를 맞추기 위해 건조가 느린 화분의 아래쪽은 굵은 입자를 사용해 물빠짐을 좋게 하고, 화분의 위쪽은 상대적으로 작은 입자를 사용해 균형을 맞춘다.

분갈이는 2~3년 주기가 좋으며, 큰 화분에 여러 포기로 자라는 것은 3년마다 해 주면 좋다. 포기나누기를 할 때는 2~3일 정도 물을 말려 소독된 가위나 칼을 이용하여 포기를 나눠 준다. 분갈이 후에는 강한 직사광선과 바람을 피하며, 충분한 물을 주어 식물을 쉬게 하는 것이 좋다.

✕ 동양란 분갈이하기

재료 : 동양란, 난석(대 · 중 · 소), 꽃삽, 나무젓가락, 전정가위

분갈이하기

❶ 화분을 뒤집은 채 살살 흔들어가며 난석을 빼낸다.

❷ 난이 상하지 않게 난의 중간과 뿌리 부분을 잡고 뽑아낸다.

❸ 뿌리의 썩은 부분은 전정가위로 잘 다듬어 준다.

❹ 세 가지 크기의 난석을 큰 난석부터 $\frac{1}{3}$씩 화분에 채워 넣는다.

❺ 난석이 골고루 잘 들어가도록 나무젓가락으로 잘 다독여 준다.

❻ 세숫대야에 담가 물을 충분히 주고 위 아래로 여러 번 들었다 놓았다 한다.

Q & A

Q1 분갈이에 사용하는 흙으로 마사는 따로 구입하고 배양토는 밭흙을 그대로 사용해도 괜찮은가?

A 밭흙의 경우 실외에서는 문제가 되지 않으나, 실내 화분에 사용할 경우 문제가 발생한다. 일단 다른 용토에 비해 무게가 나가고 시간이 지날수록 점점 흙이 다져져 물빠짐이 나빠진다. 때문에 뿌리가 고루 발달하지 못한다. 밭흙과 마사를 섞어 사용하더라도 이런 현상은 나타난다. 가능하면 식물 심기용 배양토를 구입하여 사용하는 것이 좋고, 필요한 흙의 양이 많을 경우엔 밭흙과 구입한 흙을 반씩 섞어 사용하도록 한다.

Q2 마사 사용 시 순서는?

A 마사를 사용 목적은 화분 아래에 깔아 배수를 원활하게 하는 것이다. 새로 옮겨 심을 화분의 크기가 그렇게 크지 않다면 마사만 따로 화분 아래쪽에 깔 필요는 없다. 화분 위쪽에 마사를 사용하는 것은 흙이 떠오르는 것을 막고 깨끗하게 보이기 위한 미관상의 목적을 가지고 있는 것이다. 하지만 이런 현상은 시간이 지남에 따라 차츰 나아지는 것이므로 굳이 마사를 따로 덮어주지 않아도 된다. 마사는 사용할 흙과 함께 섞어 쓰는 것이 제일 좋다.

Q3 마사의 적정 사용량은?

A 식물에 따라 다르기는 하지만 대체적으로 20~40% 정도 섞어서 사용하면 된다. 건조하게 길러야 하는 식물이나 다육 식물은 50% 정도 섞어 사용하기도 하지만 일반 식물에서는 그렇게 하지 않는다. 마사는 물빠짐을 좋게 하는 것이 주된 목적이므로 상토의 물빠짐에 문제가 없다면 굳이 마사를 섞을 필요는 없으며, 마사 대신에 입자가 굵은 펄라이트를 사용해도 된다. 또한 마사에는 진흙이 묻어 있어 물을 줄수록 진흙이 점점 내려와 돌처럼 굳어 오히려 물빠짐을 방해하고 뿌리의 성장도 저해하게 된다. 때문에 마사를 사용할 때는 반드시 물로 한 번 헹군 후 사용하는 것이 좋다.

분갈이할 때 갖춰야 할 기본 재료

색 돌	화분 분갈이 후 흙 위를 덮는 것으로, 보다 깨끗하게 보이기 위해 쓰는 것이다.
난 석	미세한 구멍들이 많아 공기의 흐름이 원활한 흙 종류로, 동양란의 분갈이나 화분의 배수층으로 주로 이용된다.
마 사	작은 알갱이로 되어 있는 흙으로, 주로 다육식물을 심을 때 많이 사용하며, 일반식물의 경우 분갈이 후 위쪽에 사용하기도 한다.
가 위	잎이나 줄기를 자르는 데 사용한다.
꽃 삽	분갈이할 때 흙을 뜨는 작은 삽이다.
분무기	식물의 잎에 물을 주는 데 사용한다.
광택제	식물의 잎에 윤기를 내는 데 사용하는 것으로, 일시적으로 잠깐 사용한다.
전정가위	시든 가지를 잘라낼 때나 웃자람이 있는 식물의 가지 칠 때 사용하는 것이다.
모종삽	분갈이용으로, 흙을 사용할 때 필요하다.
배양토	여러 가지 복합적인 영양분이 골고루 섞인 흙으로, 분갈이할 때 식물에 적합한 흙이다.
분갈이용 화 분	식물을 집안의 인테리어 소품으로도 활용할 수 있도록 다양한 크기와 색, 디자인의 화분이 많이 있다. 분갈이를 할 때는 식물의 특성이나 형태에 맞게 화분을 선택해서 사용한다.

장식용 돌

분갈이용 흙 종류

분갈이에 필요한 도구

분갈이용 화분

분갈이 후 식물 관리 방법

✤ 관엽식물 관리하기

관엽식물을 포함한 수생식물, 물을 좋아하는 초화류, 허브 등의 식물 종류는 분갈이 후 바로 물을 준다. 이들 식물은 물에 대한 민감성이 없어 분갈이를 하면서 손실된 막대한 수분을 보충해 주어야 뿌리의 활착이 잘 이루어진다. 하지만 분갈이 후 너무 밝은 햇볕 아래 식물을 두는 것은 피해야 한다.

아무리 햇볕을 좋아하는 관엽식물이라 하더라도 분갈이 후엔 뿌리가 활착할 시간이 필요하다. 뿌리가 제대로 활착되어야만 흙속에 있는 양분과 수분을 흡수하고 광합성에 의해 만들어진 유기물을 원활히 활용할 수 있게 되는 것이다. 관엽식물은 분갈이하고 나서는 간접광이 비추고 통풍이 잘 되는 곳에 두고 어느 정도 적응시킨 후 밝은 장소로 옮기도록 한다.

✤ 다육식물 관리하기

다육식물을 분갈이할 때 보통 일주일에서 열흘 정도 후부터 물 관리에 들어가라는 얘기가 있는데 이는 열흘 후부터 무조건 물을 줘야 한다는 의미는 아니다. 만약 시간이 지나도 다육식물이 물을 필요로 하지 않는다면 굳이 물을 줄 필요는 없다. 분갈이 후 중요한 것은 언제 물을 주느냐보다 분갈이에 얼마나 적응했느냐 하는 것이다.

알아두면 좋아요

배합토 만드는 방법 1

기본적인 배합 방법으로 화초에 따라 개량 용토를 증감하도록 한다.

1. 마사를 기본으로 하고 부엽토와 강모래를 6 : 3 : 1의 비율로 준비한다.
2. 마사를 잘게 부순 입자를 체를 이용하여 흙 입자 크기로 골라 준다.
3. 부엽토를 체의 그물에 문질러 같은 크기로 부순다.
4. 기본 용토에 부엽토나 강모래를 첨가하여 균일하게 섞어 준다.

배합토 만드는 방법 2

산성토에 잘 자라는 종류이지만 다습에 약한 종류에 적합하다.

1. 난석과 피트모스를 준비한다.
2. 난석은 가루를 제거한 후 일반 토양과 같은 입자를 골라 낸다.
3. 큰 입자는 큰 포기, 작은 입자는 작은 포기를 심을 때 사용한다.
4. 난석과 피트모스를 7 : 3으로 배합한다.
5. 모종을 심은 후 충분히 물을 준다.

선인장이나 다육식물은 분갈이 후 뿌리가 새로운 환경에 제대로 적응한 다음 물을 주어야 하는데, 이 적응에 필요한 기간이 정해진 것이 아니다. 어떤 종류는 일주일 안에 뿌리가 활착할 수도 있고, 어떤 종류는 열흘 이상 걸리기도 한다. 때문에 열흘 이상 시간이 지나도 잎이 쪼그라들지 않는다면 굳이 물을 줄 필요가 없다.

어떤 식물이든 분갈이는 엄청난 스트레스이다. 분갈이로 일차적인 스트레스를 받은 식물에게 바로 물을 주는 것은 또 다른 스트레스를 더하는 것 밖에 안 된다. 분갈이 후 바로 물을 주어도 괜찮은 다육류가 있긴 하지만 거의 대부분의 경우는 분갈이 후 바로 물을 주지 않는 것이 분갈이 후유증을 줄이고 새로운 환경에 대한 뿌리의 적응력을 높이는 것이다. 또 이것은 분갈이 후 상처난 부분이 아물어 세균 감염이 없도록 하기 위함이기도 하다.

다육류는 분갈이하고 나서 직사광선은 아니라도 볕이 잘 드는 곳에 당분간 그대로 두도록 한다.

번 식

기르고 있던 식물의 모양이 흐트러졌거나 오래되어 힘이 없어졌을 경우, 새로운 개체들을 만들고 싶을 때 번식을 생각하게 된다. 번식의 방법에는 식물의 종류에 따라 씨뿌리기, 꺾꽂이, 포기나누기, 휘묻이 등의 방법이 있다.

오른쪽 사진에서처럼 종자를 번식시켜 뿌리를 어느 정도 자라게 해 준 다음, 싹이 올라오면 작은 포트에 옮겨 심는다. 종자 번식을 할 때는 따뜻하고 그늘진 곳에 두며 신문지나 물기를 적신 가벼운 헝겊으로 살짝 덮어 주면 좋다. 온도도 일정하게 유지시켜 고온다습하게 해 준다.

✿ 씨뿌리기(종자 번식법)

식물의 번식 중 가장 기본적인 방법으로, 씨를 생산하는 식물도 있으나 대부분의 종자들을 따로 구입할 수 있다. 식물의 종류에 따라 종자의 수명이 다른데 1년에서부터 2~3년 정도 되는 것도 있다. 봄에 파종하는 식물은 가을 결실기에 씨를 받고, 가을에 파종하는 식물은 여름에 씨를 받는다.

씨를 받은 후에는 종류별로 구분하여 잘 밀봉한 다음 벌레의 피해가 없는 서늘하고 건조한 장소에 보관하도록 한다.

파종하는 시기가 다른 것은 식물에 따라 싹이 트고 자라는데 필요한 온도 차이와 개화에 필요한 햇볕을 받아야 하는 기간에 차이가 나기 때문이다.

봄에 씨를 뿌리는 종류는 서리의 피해가 없어진 3월에서 5월 사이에, 가을에 씨를 뿌리는 종류는 8월에서 10월 사이에 뿌린다. 씨를 뿌린 후 대개 일주일 전후로 싹이 트기 시작하는데, 싹이 빨리 트는 종류는 파종 후 3~4일 후부터, 싹이 늦게 트는 종류는 파종 후 20일에서 40일 정도가 걸린다.

씨를 뿌린 후에는 가장 먼저 물을 줘야 한다. 물 관리가 어려울 경우에는 파종 상자 위에 유리나 비닐을 덮어주면 용토의 습기 보존에 도움이 된다. 이 비닐은 싹이 튼 후 바로 제거해 준다. 싹이 트면 햇볕에 차츰 적응시키는 과정이 필요하다. 계속 반그늘에서 키우면 웃자람이 생기고, 갑자기 강한 햇볕을 쪼이면 잎이 타들어가므로 주의한다.

✾ 꺾꽂이

인위적인 식물 번식 방법의 하나로, 식물의 생식에 관여하지 않는 영양기관을 이용하여 번식하기 때문에 무성생식, 특히 영양생식에 속한다. 식물은 모든 세포에서 다시 식물을 재현할 수 있는 능력인 전분화 기능이 있기 때문에 이러한 꺾꽂이 방법을 할 수 있다. 꺾꽂이는 짧은 기간 안에 꽃을 피우는 개화주를 만들어 낼 수 있는 장점이 있으며, 꺾꽂이의 종류에는 줄기꽂이, 잎꽂이, 뿌리꽂이 등이 있다.

■ 줄기꽂이

식물의 줄기나 가지 일부분을 잘라 용토에 꽂아 뿌리를 내리는 방법으로, 이용되는 부분에 따라 눈꽂이 · 녹지삽 · 숙지삽 등의 방법이 있다. 눈꽂이는 생장점을 포함한 부분을 7~8cm 정도 잘라 사용하는 가장 일반적인 방법이고, 숙지삽은 완전하게 성숙한 전년의 가지를 10~15cm 길이로 잘라 사용하는 것으로서 대부분 실내 관엽식물을 번식하는데 사용하는 방법이다. 녹지삽은 그해에 자라난 가지 또는 줄기가 약간 녹색에서 갈색으로 목질화되어 가는 시기에 이 부분을 잘라 사용하는 방법이다.

■ 잎꽂이

잎을 떼어 내어 새로운 식물체를 만들어 내는 방법으로, 식물의 종류에 따라 방법이 약간씩 차이가 있다.

■ 뿌리꽂이

땅속 줄기 또는 굵은 뿌리를 적당한 길이로 토막낸 다음 흙 속에 묻어 새로운 개체를 만들어 내는 방법이다.

꺾꽂이는 관상용이지만, 식용으로 사용하고 싶은 식물에서 일정한 유전형질을 계속 이용하고 싶거나 특정 체세포 돌연변이를 번식시키고 싶을 때 혹은 씨앗을 이용해 키우는데 많은 노력과 시간이 들어가는 경우에 이용한다. 꺾꽂이를 하는 시기는 식물의 모체가 성장하는 시기인 봄이나 초여름이 적당하다. 나무 종류는 10~15cm 정도, 화초류는 5~10cm 정도 잘라 사용하도록 한다. 절단 부위를 수직으로 잘라 줄기를 물에 담가 물을 올린 후 꽂아주는 것이 좋으며 꽂힐 부분의 꽃 봉오리와 잎새는 모두 따내야 한다. 꺾꽂이를 한 후에는 강한 직사광선은 발 등을 이용하여 가려 주는 것이 좋고, 실온과 비슷한 온도의 물을 주어 식물에 충격이 가지 않도록 한다.

✬ 포기나누기

대부분의 식물은 덩어리를 형성하는데 이 덩어리를 나누어 번식에 이용하는 것이 포기나누기 방법이다. 포기나누기는 여름에서 가을에 꽃을 피우는 식물과 열대·아열대산 식물은 봄에, 봄에 꽃을 피우는 식물은 가을에 포기나누기를 한다. 포기나누기는 물을 주고 난 후 화분에서 식물을 꺼내어 덩어리를 부드럽게 분리한 후 손이나 칼을 이용하는데, 잘려진 상처 부위가 썩지 않도록 석회 등을 발라 심어주는 것이 좋다.

✬ 휘묻이

꺾꽂이로 뿌리를 내리기 어려운 종류를 번식시키는 방법으로, 식물의 가지를 따로 잘라내지 않는 상태에서 뿌리를 내어 번식시키는 방법이다. 원래의 나무와 동일한 나무를 빠르게 얻어낼 수 있다는 장점이 있는 반면, 한 번에 많은 양의 작물을 얻어낼 수 없는 단점이 있다.

휘묻이 방법에는 저취법과 고취법의 두 가지 경우가 있다. 저취법은 가지가 휘는 성질이 있는 식물의 가지를 택해 껍질을 벗겨 낸 후 땅에 묻는 방법으로 휘묻이의 본 뜻과 거의 일치한다. 고취법은 나무의 가지에서 껍질을 벗겨낸 후 물이끼 등으로 감싸 습기가 빠져나가지 않도록 하면 벗겨진 부분에 영양분이 모여 뿌리가 나는데, 이후 뿌리가 난 부분을 흙에 심는 방법이다.

알아두면 좋아요

분갈이하는 시기

기본적인 배합 방법으로 화초에 따라 개량 용토를 증감하도록 한다.

1. 식물이 화분에 비해 지나치게 커졌을 때 반드시 분갈이를 한다.
2. 배수가 원활히 이루어지지 않는다거나 풀이나 나무의 아랫잎이 누렇게 변하여 낙엽질 때 분갈이를 해 주어야 한다.
3. 4~5월쯤 식물이 활발하게 생장하는 시기에 분갈이를 한다.

Green Plant

집안을
싱그럽게
하는 식물

소 철 [소철과]

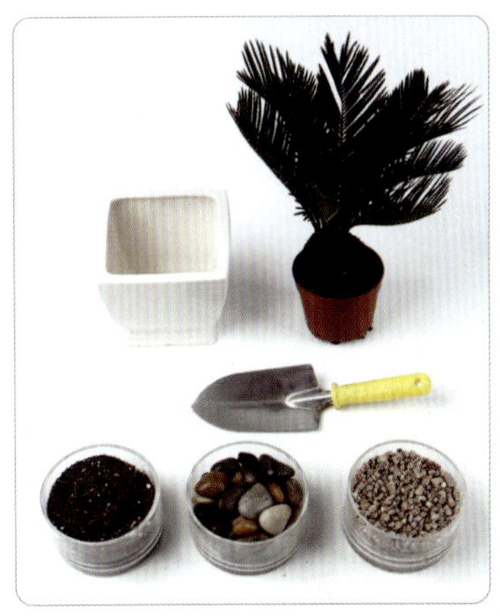

장 소	양지
온 도	15~20℃
물주기	흙이 말랐을 때 물을 준다.
비 료	7~8월에 완효성의 화성비료나 깻묵을 월 1회 정도 조금씩 준다.
병충해	깍지벌레, 응애
번 식	포기나누기

재료 소철, 화분, 꽃삽, 흙, 돌, 마사

특징

1 새의 깃털 모양과 같은 잎은 줄기 끝에서 길이 1m 정도로 나오고, 작은 잎 하나하나는 바늘과 같이 뾰족하며 밖으로 휘어져 나 있다.

2 생육이 매우 느려서 일 년에 한두 개의 새 잎이 나온다.

3 단단한 원통 모양의 줄기에 가죽 질감의 진녹색 빗살 모양의 잎이 퍼져나가는 나무이다.

4 생명력이 매우 강하다.

관리

- 겨울에는 물주기를 중지하고, 휴면(休眠) 상태로 둔다.
- 월동은 0℃ 이상이어야 하므로 겨울 동안은 실내에서 키운다.
- 직사광선을 좋아하기 때문에 베란다 등의 밝은 곳에 두는 것이 좋다.
- 햇볕 아래서 기르면 잎이 크게 자란다.
- 3년마다 한 번씩 봄에 분갈이를 해 준다.

1 화분에 흙을 2/3 정도 채워 준다.

2 뿌리가 꽉 차 있는 경우 포트를 가위로 잘라 뿌리가 상하지 않도록 한다.

3 화분에 옮겨 심고 부족한 흙을 채워준다.

4 마사를 깔아 마무리한다.

알로카시아 / 칼리도라 [천남성과]

장 소	반양지
온 도	15℃
물주기	흙이 마르기 전에 물을 준다.
비 료	봄에서 가을까지 한 달에 한 번 관엽식물용 복합비료를 주고, 겨울에는 주지 않는다.
병충해	응애, 진딧물, 쥐똥나무벌레, 깍지벌레
번 식	포기나누기

특징
1. 겨울에도 실내에서는 성장을 계속한다.
2. 하트 모양의 진녹색 잎이 아름다운 식물이며, 줄기의 밑부분은 두툼하지만 속이 텅 비어 있다.

관리
- 높은 공중습도를 좋아하므로 자주 분무해 준다.
- 직사광선이 내리쬐는 곳을 피해서 놓고, 매년 봄에 분갈이를 해 준다.
- 일주일에 한 번 정도 잎에 쌓인 먼지를 닦아 준다.

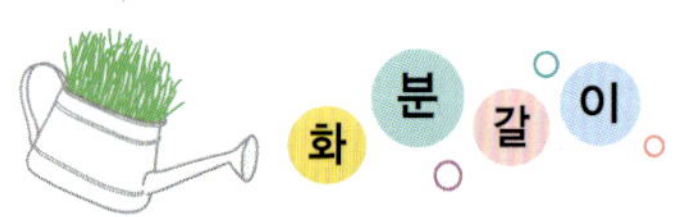

화 분 갈 이

1 준비된 화분에 흙을 1/3 정도 채워준다.

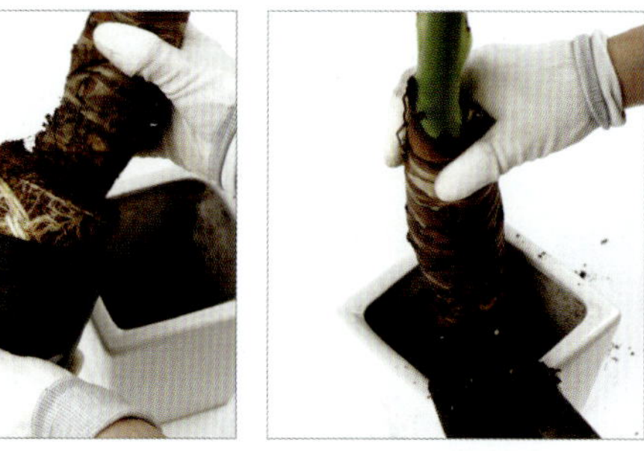

2 포트에서 식물을 분리한다.

3 흙을 반쯤 털어낸 후 화분에 옮겨 심고 흙으로 채워준다.

4 마사와 돌로 장식하여 마무리한다.

파피루스 [사초과]

장 소 양지

온 도 18~25℃

물주기 흙이 마르지 않도록 물을 자주 준다.

비 료 봄에 완효성 비료를 1회 준다.

병충해 거의 없다.

번 식 꺾꽂이, 포기나누기, 삽목, 종자

특징

1 파피루스는 풀처럼 생긴 수생식물로, 잔잔하게 흐르는 물에서 2m까지 자란다.

2 잎은 퇴화하여 바늘처럼 되고 줄기 끝의 홀씨잎 사이에 작은 꽃이삭이 달린다.

관리

■ 5~8℃에서 월동이 가능하므로 온도를 유지해야 한다.

■ 물 속에서 자라는 식물이므로 화분 받침에 물이 고여 있게 하거나 물통에 화분을 담가 두어 흙
이 마르지 않도록 유지해야 한다.

1 포트에서 식물을 분리한다.

2 준비된 화분에 옮겨 심는다.

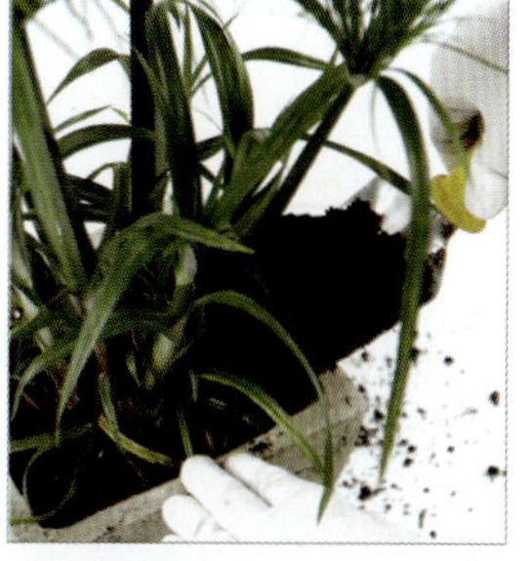

3 흙을 손으로 꾹꾹 눌러가며 채워준다.

4 마사로 채워 마무리한다.

재료 해피트리, 화분, 꽃삽, 깔망, 마사,
　　　돌, 흙

장 소	반양지
온 도	15~30℃
물주기	흙이 말랐을 때 물을 준다.
비 료	5~9월 중 두 달에 한 번 관엽식물용 복합비료를 준다.
병충해	깍지벌레, 응애
번 식	꺾꽂이, 접붙이기

특징

1 키가 20~30m까지 자라며 두릅나무과에 속하는 조경수로, 황산
풍이라고도 불린다.

2 중국에서는 부귀수라고도 하며, 잎이 날개처럼 양쪽에 대칭으로
나 있다.

3 잎이 웃는 모양 같아 행복나무라고도 불린다.

4 원산지는 중국 남부, 인도, 대만, 베트남으로 널리 분포되어 있다.

관리

■ 화분의 흙이 습기가 없을 정도로 마르면 물을 준다.

■ 직사광선을 받으면 잎이 타기 때문에 간접 광을 받게 한다.

■ 겨울에 실내에서 기르려면 10℃ 정도 유지해야 하고, 장소는 통풍
이 잘 되는 곳에 놓아야 한다.

1 포트에서 식물을 분리한다.

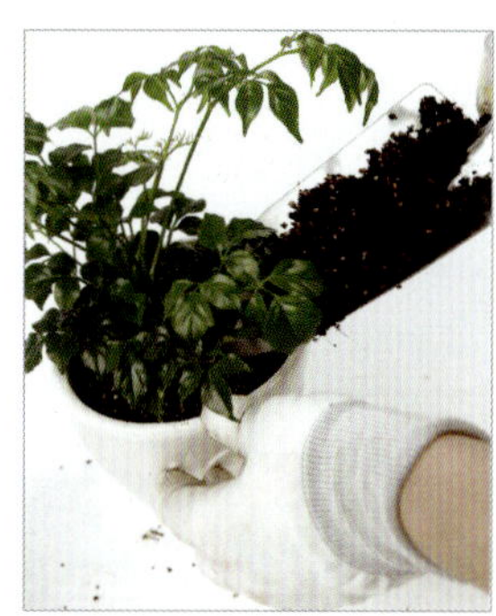

2 흙을 반 쯤 털어낸 후 화분에
옮겨 심는다.

3 마사와 돌로 장식하여 마무리
한다.

백정화 [꼭두서니과]

재 료
백정화, 화분, 꽃삽,
깔망, 하이드로 볼,
흙

장 소	반양지
온 도	5~25℃
물주기	겉흙이 마르기 전에 물을 준다.
비 료	액체용 복합비료를 3주에 한 번 준다.
병충해	깍지벌레, 진딧물
번 식	꺾꽂이, 포기나누기

특징

1 쌍떡잎 식물로 꼭두서니과 식물이며, 옆에서 볼 때 T자 같이 보여 '흰색 꽃이 피는 정화(丁花)' 라 하여 백정화라는 이름이 생겼다. 원산지는 중국 남부, 대만, 인도로 많이 분포되어 있다.

2 가지가 많이 갈라지면서 피는 것이 특징이다. 꽃은 5~6월에 잎겨드랑이에서 흰색, 또는 연한 붉은빛을 띤 자주색의 꽃이 핀다.

관리

■ 햇볕이 잘 들고 서늘한 곳에서 관리한다.

■ 일 년에 한 번씩 이른 봄에 분갈이를 해 준다.

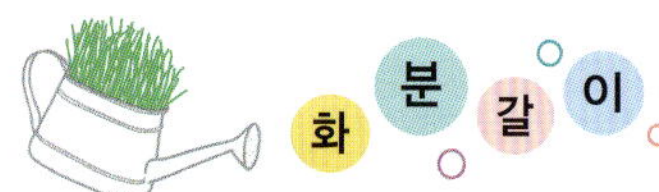

화 분 갈 이

1 포트에서 식물을 분리한다.

2 흙을 반쯤 털어낸 후 화분에 옮겨 심는다.

3 모자란 흙을 채워준다.

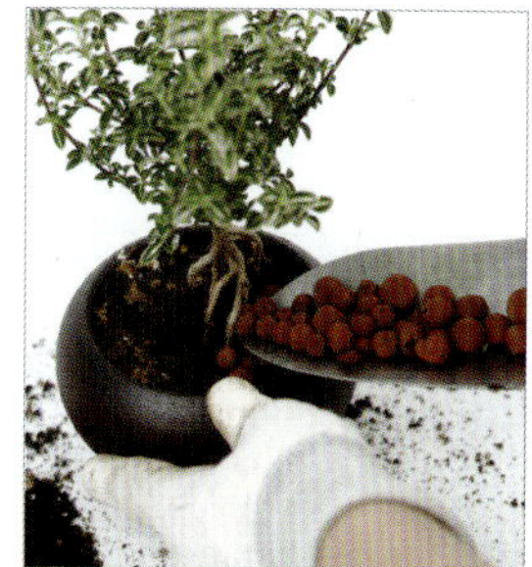

4 하이드로 볼로 마무리한다.

떡갈잎 고무나무 [뽕나무과]

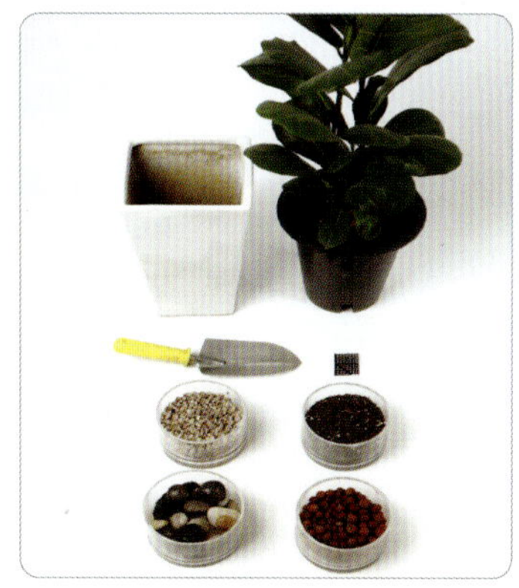

장 소 양지, 반양지

온 도 따뜻한 곳에 두며 0℃까지도 견딘다.

물주기 흙이 말랐을 때 물을 준다.

비 료 복합용 액체비료를 3주에 한 번 준다.

병충해 참나무재주나방, 흰가루병, 줄기썩음병

번 식 실생

특징

1 참나무과의 낙엽 활엽 교목이며, 잎은 긴 타원형의 녹색으로 어긋나 있다.

2 예전에는 주로 땔감이나 떡을 싸서 먹는 데 사용하였으나, 지금은 재목이 단단하여 가구, 마루판, 건축, 토목, 선박, 차량, 기구, 포장, 단판, 장식 등에 사용되고 있다.

관리

■ 토심이 깊고 비옥한 흙을 좋아하나 건조한 곳에서도 생장이 양호하며 잘 견딘다.

■ 참나무류는 밀도가 낮아 자연적으로 가지가 떨어지지 않는다. 가지가 한쪽으로 치우쳐 있으면 가지치기를 해 주어야 한다.

화 분 갈 이

1 포트에서 식물을 분리한다.

2 흙을 반쯤 털어낸 후 화분에 옮겨 심은 후 흙을 채워준다.

3 마사와 돌, 하이드로 볼로 장식하여 마무리한다.

멕시코 소철 / 사고팜 [소철과]

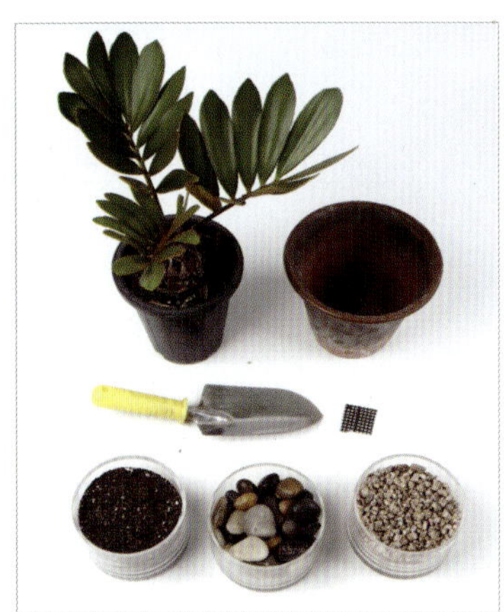

재료 관음죽, 화분, 꽃삽, 깔망, 흙, 돌, 마사

장　소	양지, 반양지
온　도	10℃ 이상
물주기	겉흙이 마르면 물을 준다.
비　료	액체용 복합비료를 한 달에 한 번 준다.
병충해	깍지벌레
번　식	종자번식, 포기나누기

특징

1 중남미가 원산지이며 열대지방에서 자생한다.

2 열대산 상록 고목이며 공룡시대부터 자라온 화석식물의 표본인 소철과의 일종이다.

3 기존의 소철과 다르게 잎이 넓으며 딱딱한 혁질을 가지고 있다.

관리

■ 잎의 앞, 뒤에 잔털이 있는데 이것은 식물 스스로 곰팡이나 병균 으로부터 자기를 보호하기 위한 것이므로 일부러 닦아 내지 않도 록 한다.

■ 물을 좋아하는 식물이므로 너무 건조하지 않게 관리한다. 건조하 면 잎이 누렇게 변한다.

■ 물이 잘 빠지도록 배수가 잘 되게 배수층을 충분히 깔아준다.

1 포트에서 식물을 분리한다.

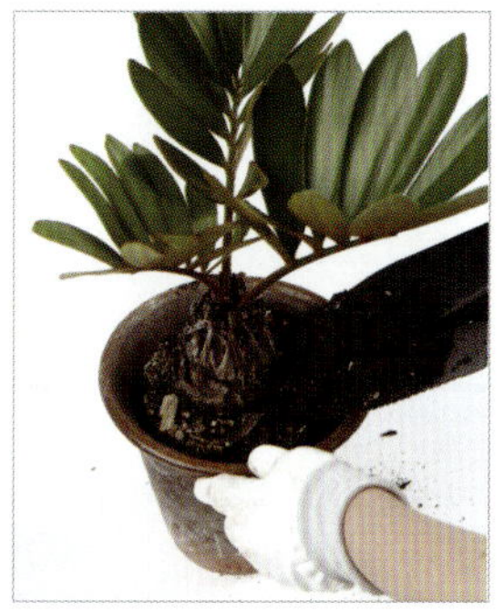

2 흙을 반쯤 털어낸 후 화분에 옮겨 심고 흙을 채워준다.

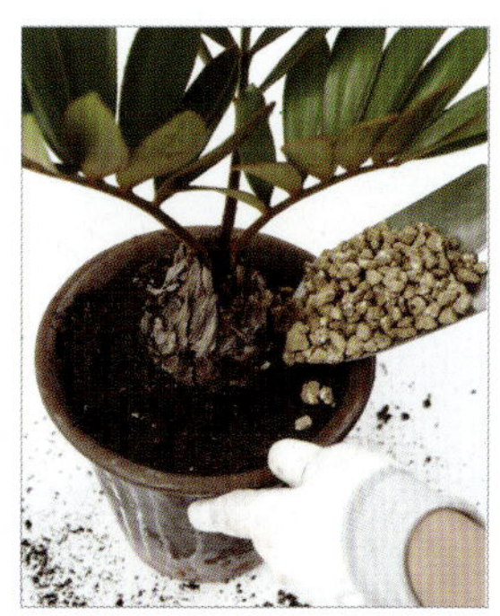

3 마사와 돌로 채워준다.

칼라 부자란 [닭의장풀과]

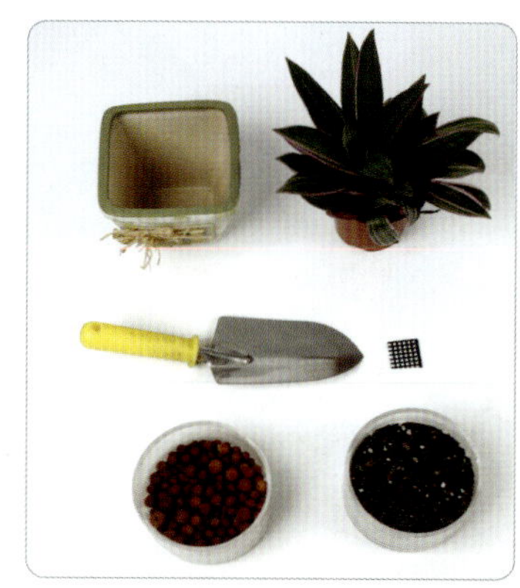

재 료
칼라 부자란, 화분,
꽃삽, 깔망, 하이드로
볼, 흙

장 소 반음지, 반양지
온 도 8~20℃
물주기 흙이 마르기 전에 물을 준다.
비 료 복합용 액체비료를 한 달에 한 번 준다.
병충해 진딧물, 응애
번 식 포기나누기

특징
1 외떡잎 식물 분질 배유목 닭의장풀과의 여러해살이 풀이다.
2 자주만년 청 자금란이라고 불린다.
3 원산지인 멕시코, 서인도에서 자생한다.

관리
■ 번식력이 매우 뛰어나 매년 분갈이를 해 준다.
■ 통풍이 잘 되는 곳에서 관리한다.

화 분 갈 이

1 포트에서 식물을 분리한다.

2 흙을 털어낸 후 화분에 옮겨 심는다.

3 흙과 하이드로 볼로 채워 마무리한다.

측백 / 진백나무 [측백과]

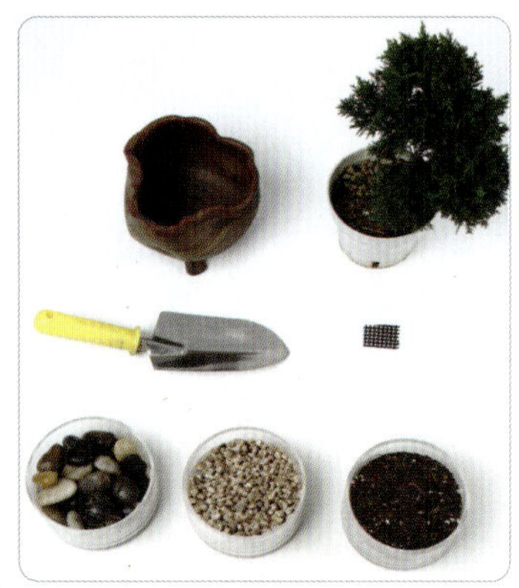

장 소 양지, 반양지

온 도 5~25℃

물주기 화분의 겉흙이 마르면 물을 준다.

비 료 액체비료를 2주에 한 번 준다.

병충해 깍지벌레, 진딧물, 거미 응애

번 식 삽목

특징

1 측백나무과이며 분재 소재로 많이 쓰인다.

2 꽃 피는 시기는 4월이며, 열매는 9월에 맺는다.

3 생 울타리나 관산용으로 많이 쓰인다.

관리

- 실외 조경에 많이 사용되며, 일반적으로 자연 토양에서 기른다.
- 실내에서 기르는 미니 측백은 서늘하고 따뜻한 곳에서 키운다.
- 2년에 한 번 이른 봄에 분갈이를 해 준다.

화 분 갈 이

1 식물을 포트에서 분리한다.

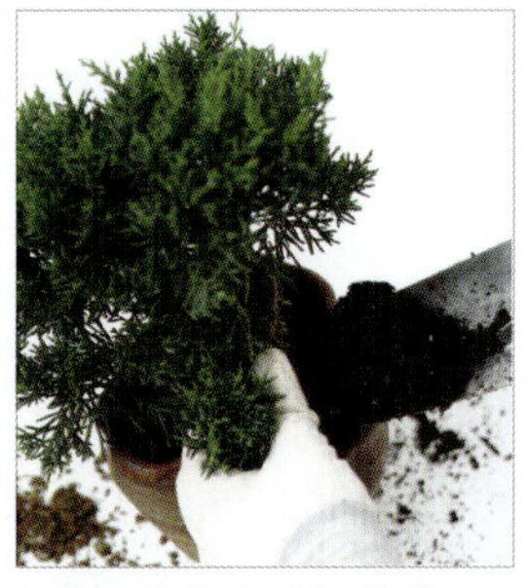

2 화분에 옮겨 심은 후 흙으로 채운다.

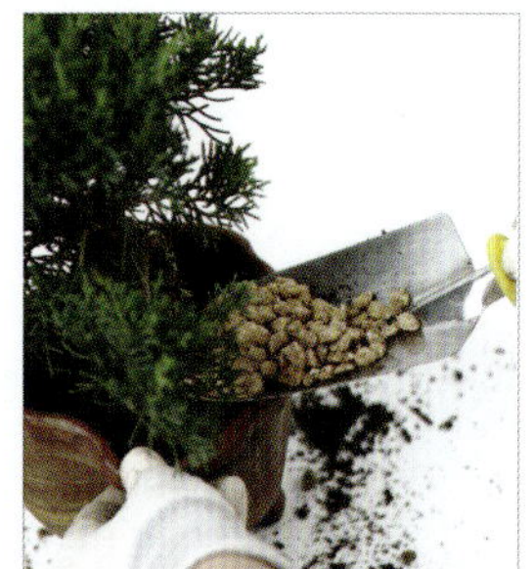

3 마사와 돌로 장식하여 마무리한다.

금전수 [천남성과]
천남성과
96

장 소	반음지
온 도	18~24℃
물주기	여름철에는 표면의 흙이 말랐을 때, 겨울철에는 안쪽의 흙까지 바싹 말랐을 때 물을 준다.
비 료	봄에서 가을에 걸쳐 주기적으로 액체비료를 준다.
병충해	진딧물, 거미 응애
번 식	잎꽂이, 포기나누기

재료 금전수, 화분, 흙, 난석, 꽃삽

특징

1 서양에서는 금전수를 집안에 두면 금전운이 들어온다는 속설이 있다.

2 생명력이 강하고 조형미가 있어 실내 식물로 많이 키운다.

3 생장이 느린 직립의 다육식물로, 알뿌리를 가지고 있으며 줄기 하부에 암꽃이 피고 상부에 수꽃이 핀다.

관리

■ 건조에 강하고 알뿌리에 많은 물을 저장하고 있으므로 물을 자주 줄 필요가 없으며, 잎에 따로 분무하지 않는다.

■ 언제 물을 줘야 할지 모를 때는 잎이 쭈글쭈글해질 때 물을 주면 된다.

■ 음지에서도 잘 자라지만 직사광이 없는 밝은 그늘에서 관리하는 것이 제일 좋다.

■ 저온에 노출되거나 물을 너무 많이 주면 뿌리썩음병이 발생하여 줄기 전체가 물컹거리며 쓰러질 수 있다.

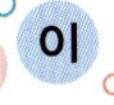

1 흙이 쏟아지지 않도록 화분을 기울여 조심스럽게 식물을 빼낸다.

2 감자 모양으로 둥글게 얽힌 잔뿌리 주변의 흙을 정리한다.

3 원활한 통기를 위해 난석을 10cm 정도 깔아준다.

4 식물을 옮겨 심고 흙이 골고루 꽉 차도록 채운다.

크로톤 [대극과]

장 소	양지
온 도	18~25℃
물주기	흙이 말랐을 때 물을 흠뻑 준다.
비 료	5~8월에 2번 정도 화학비료를 준다.
병충해	응애
번 식	꺾꽂이, 휘묻이

재료 크로톤, 화분, 꽃삽, 흙, 돌, 마사

특징

1 크로톤은 수많은 관엽식물 중 종류에 따라 잎의 모양과 색채가 가장 변화무쌍하고 화려한 식물이다.

2 높은 온도와 강한 직사광선을 좋아한다.

3 햇볕을 많이 받을수록 잎의 색채가 선명해진다.

관리

■ 잎에 자주 분무해서 공기 중의 습도를 높여 준다.

■ 가을, 겨울에는 서서히 물을 줄여 겨울에는 건조하게 관리해야 한다.

■ 저온에 아주 약하며 겨울을 나려면 18℃ 이상의 실온을 유지해야 한다.

 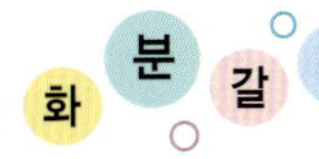

화 분 갈 이

1 화분에 흙을 채워준다.

2 포트에서 식물을 분리한다.

3 흙을 반쯤 털어낸 후 화분에 옮겨 심는다.

4 마사와 돌로 장식해서 마무리한다.

트리안 [마디풀과]

장 소	반양지
온 도	10℃ 이상
물주기	속흙까지 마르기 시작하면 물을 듬뿍 준다.
비 료	월 1~2회 액체비료를 준다.
병충해	응애, 진딧물
번 식	꺾꽂이

특징
1. 열대를 중심으로 약 250여 종이 자생하는 상록 다년초이다.
2. 모빌처럼 길게 늘어져 자라는 가늘고 섬세한 줄기와 작은 잎들이 매력적인 식물이다.
3. 걸이용 화분에 심어 높은 곳에 두면 줄기들이 아래로 늘어져 운치있어 보인다.

관리
- 반음지에서도 잘 적응하지만 햇볕이 부족하면 잎과 잎 사이, 줄기의 마디 사이가 길게 웃자라고 잎이 떨어진다.
- 높은 공중습도를 좋아하므로 잎 표면에 자주 분무해 준다.
- 통풍이 잘 안되고 고온건조하면 각종 병충해가 발생하여 잎 색이 거칠어지면서 갈색으로 변한다.

1 화분을 기울여 흙이 쏟아지지 않도록 주의하며 꺼낸다.

2 분갈이용 화분에 그대로 옮겨 심는다.

3 골고루 흙이 꽉 차도록 채워준다.

호 야 [박주가릿과]

장 소 반양지

온 도 18~22℃

물주기 화분의 흙이 완전히 말랐을 때 물을 준다.

비 료 5~9월 중 두 달에 한 번 관엽식물용 복합
비료를 준다.

병충해 솜깍지벌레, 진드기, 깍지벌레

번 식 꺾꽂이

특징

1 다육질의 잎 모양은 물론 하얀색의 별 모양 꽃도 매력적인 식물이다.

2 늘어지면서 자라는 성질이 있어 걸이용 화분에 심어 기르거나 높은 곳에 올려 놓으면 장식효
과를 얻을 수 있다.

관리

■ 햇볕을 충분히 받지 못하면 줄기가 웃자라 보기 흉해질 뿐 아니라 꽃이 피지 않으므로 밝은 장
소에 두는 것이 좋다.

■ 올해 꽃이 핀 자리에 다음에도 꽃눈이 생기므로 가지치기할 때 잘려나가지 않도록 표시해 둔다.

1 포트를 기울여 흙이 쏟아지지
않도록 주의하면서 빼낸다.

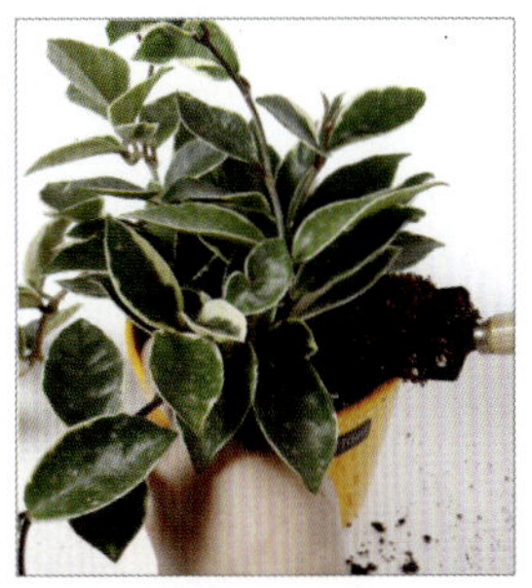

2 흙과 뿌리를 정리하고 그대
로 화분에 옮겨 심는다.

3 흙을 골고루 꽉 채워 마무
리한다.

페페로미아 [후추과]

장 소	반음지
온 도	10℃ 이상
물주기	겉흙이 마르기 시작하면 물을 준다.
비 료	한 달에 한 번 복합용 액체비료를 준다.
병충해	쥐똥나무벌레, 깍지벌레, 응애
번 식	잎꽂이, 줄기꽂이

재료 페페로미아, 화분, 돌, 깔망,
꽃삽, 이끼, 마사, 흙

1 페페로미아는 후추를 닮았다고 하여 유래된 것으로 잎이 아름다운 식물이다.
2 현재 500여 종이 자생하고 있으며, 잎은 물기가 많은 다육질이고 고온다습한 환경
  을 좋아한다.
3 잎의 색깔이나 무늬가 아름다워 주로 실내에서 가꾸며, 테라리움과 디시가든 같은
  인테리어 소품으로 인기가 높다.

화 분 갈 이

관리

- 여름철에 물을 너무 많이 주면 뿌리가 썩기
  때문에 주의한다.
- 상한 잎은 바로바로 떼어 주며 잎 뒷부분에
  해충이 끼기 쉬우므로 자주 살펴준다.
- 햇볕이 잘 드는 곳에 두면 잎 모양이 가지런
  해지긴 하지만 지나치게 노출되면 잎이 타
  들어 간다. 반대로 어두운데 두면 웃자라면
  서 광택도 사라진다.

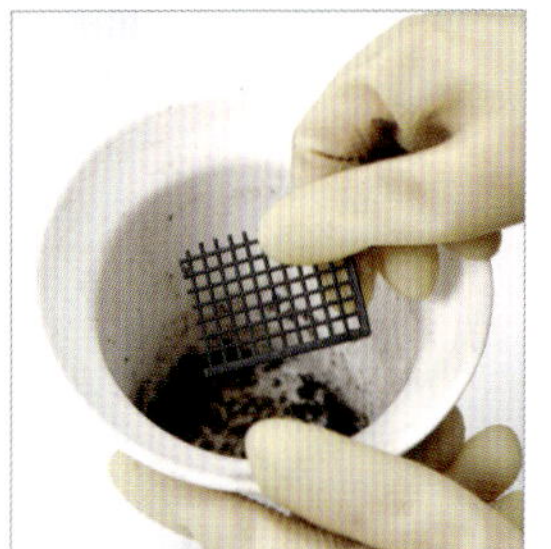

1 배수구를 망으로 가려 준다.

2 마사로 배수층을 만든다.

3 화분 밑 부분에 흙을 깔아준다.

4 화분에 옮겨 심은 후 흙으로
채워준다.

5 마사와 이끼, 돌로 장식하여
마무리한다.

러브하와이 [협죽도과]

재료 러브하와이, 화분, 꽃삽, 깔망, 돌,
흙, 마사

장 소	양지
온 도	16~30℃
물주기	표면의 흙이 말랐을 때 물을 준다.
비 료	봄에서 가을 사이에 액체비료를 준다.
병충해	응애, 깍지벌레
번 식	꺾꽂이

특징

1 줄기를 자르면 하얀 액체가 나오는데 이 액체에 독이 있다. 독성에 약한 피부를 가진 사람은 피부 알레르기를 일으킬 수 있다.

2 가로수로 조성이 될 정도로 햇볕을 아주 좋아하는 식물이다.

관리

■ 겨울철에는 10℃ 이하로 내려가지 않도록 주의해야 한다.

■ 줄기가 다육성이므로 건조에 강하지만 높은 공중습도를 필요로 하기 때문에 습도를 유지해야 한다.

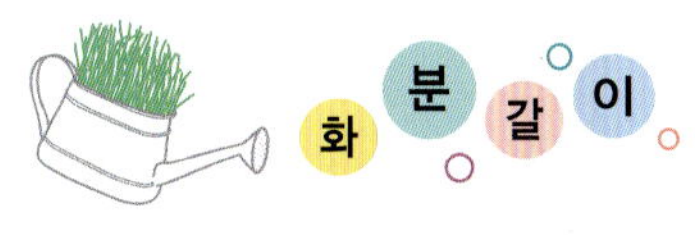

1 준비된 화분에 옮겨 심는다.

2 흙을 식물 주변에 골고루 채워준다.

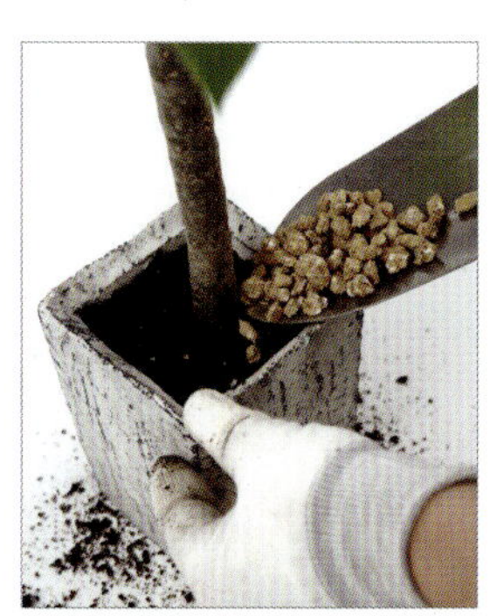

3 마사와 돌로 채워준다.

미니가든

재 료
테이블 야자, 줄 마
삭, 히포스 데스,
화분, 흙, 마사, 꽃
삽, 깔망, 하이드로
볼, 돌

장 소 반양지

온 도 10℃ 이상

물주기 흙이 마르기 전에 물을 준다.

비 료 복합용 액체비료를 3주에 한 번 준다.

병충해 거의 없다.

번 식 포기나누기

특징
1 여러 가지 식물들을 함께 모아 심어주면 시원하면서 자연적인 느낌을 준다.
2 공기정화 식물인 테이블 야자와 줄 마삭의 밋밋함을 핑크빛의 히포스 데스로 변화를 주어 잘 어우러지도록 하였다.

관리
- 물이 잘 빠지도록 배수층을 충분히 마련해 준다.
- 분무기로 자주 물을 뿌려 주고, 시든 잎은 바로 바로 잘라 준다.

1 키가 큰 테이블 야자를 먼저 중앙에 심는다.

2 그 다음 히포스 데스를 심는다.

3 줄 마삭은 앞부분에 흐르게 심어준다.

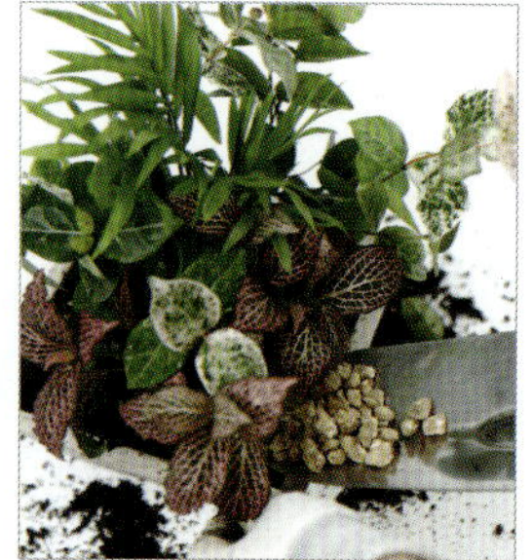

4 마사, 돌, 하이드로 볼 등으로 장식하여 마무리한다.

다육식물 가든

장 소	양지, 반양지
온 도	따뜻한 곳, 서늘한 곳 모두 다 잘 자란다.
물주기	겉흙이 마르면 준다. 11~2월까지는 10일에 한 번 정도 준다.
비 료	한 달에 한 번 정도 관엽식물용 비료를 준다.
병충해	진딧물, 거미 응애
번 식	포기나누기, 삽목

특징 1 키가 작은 식물과 키가 큰 식물을 한 화분에 함께 심어 다양한 식물을 감상할 수 있다.

관리
- 햇볕이 잘 드는 곳에 두며 2년에 한 번 분갈이를 해 준다.
- 여러 종류를 같이 심는 경우 하나씩 심을 때보다 식물의 특성을 잘 파악하여 관리해 줘야 한다.
- 잎이 시들면 그때그때 잘라 준다.

화 분 갈 이

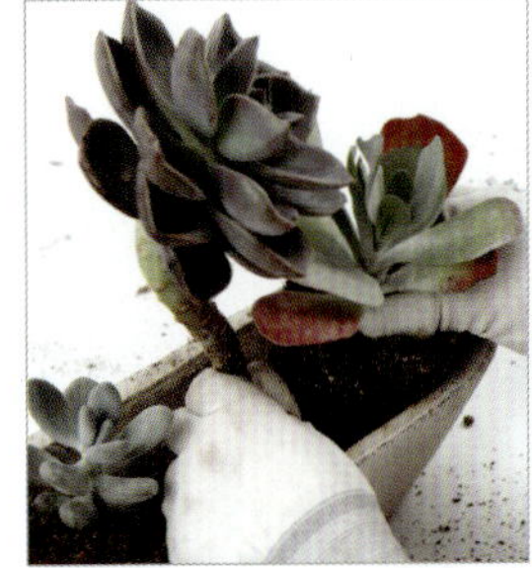

1 키가 큰 식물을 먼저 가운데 심는다.

2 마주보는 곳에 낮은 식물을 심는다.

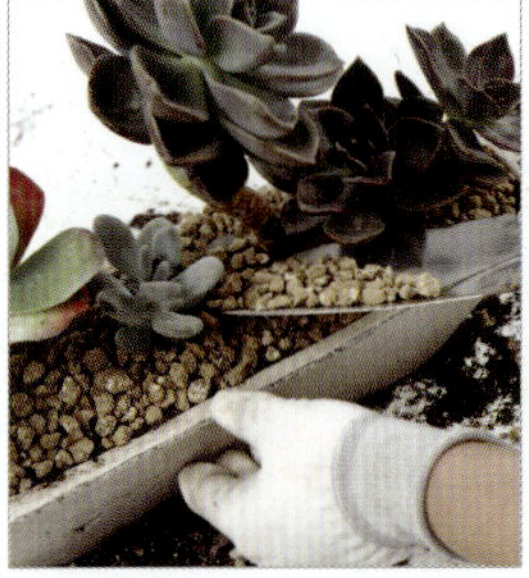

3 뒤쪽으로 낮은 식물과 중간 키의 식물을 심는다.

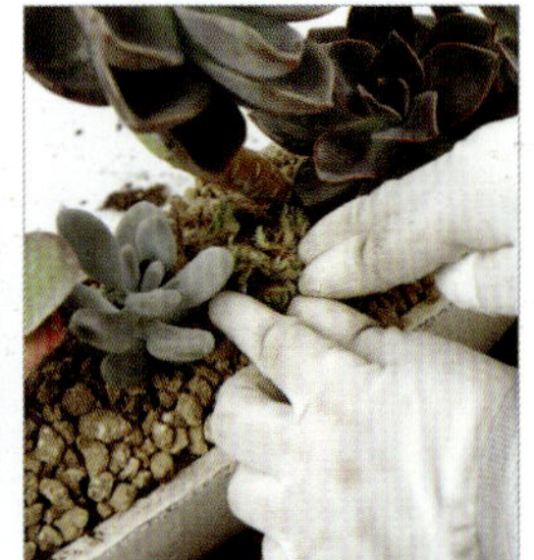

4 마사와 이끼, 돌로 마무리를 한다.

디시가든

장 소	반음지, 반양지
온 도	5~20℃
물주기	하루에 한 번씩 분무기로 충분히 적셔 준다.
비 료	필요 없다.
병충해	거의 없다.

재료 테이블 야자, 홍콩 야자, 아이비, 아디안텀, 핑크스타, 화분, 흙, 꽃삽, 마사, 흰돌, 숯, 큰돌

특징

1 같은 특성을 가진 식물들끼리 모아 가든 형태로 만들어 집안의 인테리어 소품으로 활용하면 좋다.

2 유리화기에 모양 내어 식물을 심어 시원함과 고급스러움을 더해 준다.

관리

■ 통풍이 잘 되는 곳에 둔다.

■ 배수구가 따로 없기 때문에 물을 직접 부어 주는 것보다 분무기로 흙이 마르기 전에 잎부분에 충분히 뿌려 준다.

  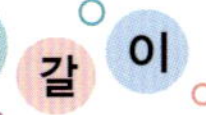

화 분 갈 이

1 유리화기 밑부분에 마사로 배수층을 만든다.
2 아디안텀을 포트에서 꺼내어 중앙에서 약간 벗어나게 자리 잡아 준다.
3 사이를 두고 홍콩야자를 심는다.
4 2과 3 사이에 키 작은 아이비를 심는다.
5 핑크스타를 제일 끝에 모양 잡아 심는다.
6 단단히 고정시켜 심은 후 흙으로 채워준 다음 그 위에 마사를 깔아준다.
7 흰돌을 돌려가며 모양 내며 깔아준다.
8 숯과 큰돌 등으로 마무리한다.

나비난초 [백합과]

재료 나비난초, 화분, 흙, 꽃삽

장 소	반양지, 반음지
온 도	18~30℃
물주기	화분의 흙이 말랐을 때 물을 준다.
비 료	2주에 한 번 관엽식물용 복합비료를 준다.
병충해	거미 응애, 깍지벌레
번 식	포기나누기

특징

1 소품의 대표적 실내 식물로, 디시가든, 테라리움, 비바리움 같은 실내 조경에 많이 이용된다.

2 오염된 공기를 빨아들이는 능력이 탁월할 뿐 아니라 새로운 공기를 많이 내뿜어 공기정화에 좋은 식물이다.

3 번식력이 좋은 식물로 1년 정도 키우면 분양이 가능하다.

관리

■ 직사광을 피해 바람이 잘 통하는 반양지에서 잘 자란다.

■ 저온에 매우 약하므로 겨울철 온도 관리에 유의한다.

■ 비교적 강건한 식물류이지만 충분한 햇볕을 받지 못할 경우 매우 연약해질 수 있다.

■ 키가 크기도 하지만 잎의 수가 많아지면서 풍성해지면 분갈이를 해 주어야 한다.

1 뿌리가 화분에 꽉 차 있을 경우 가위를 이용하여 포트를 잘라준다.

2 뿌리가 다치지 않도록 조심해서 빼낸다.

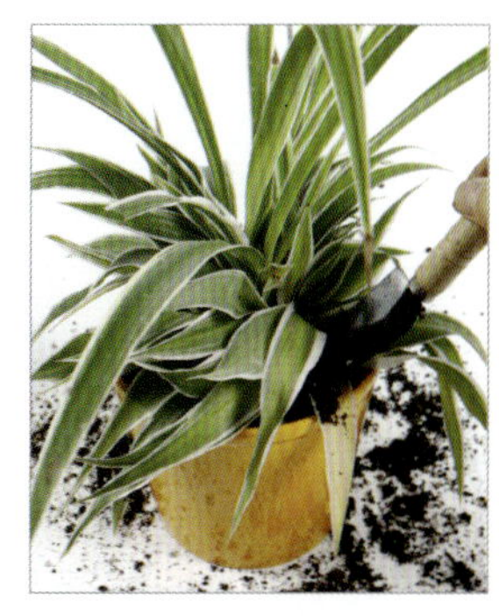

3 화분에 옮겨 심고 흙이 골고루 차도록 채워준다.

불야성 [백합과]

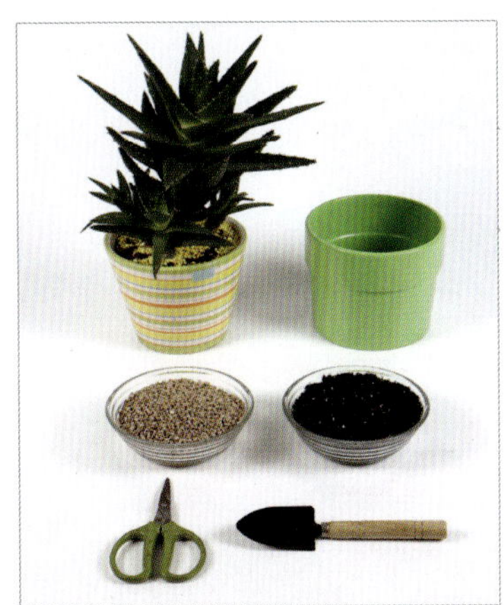

재료 불야성, 화분, 마사, 흙, 꽃삽, 가위

장 소	양지, 반양지
온 도	18~24℃, 저온에 약하다.
물주기	흙이 완전히 말랐을 때 물을 준다.
비 료	봄부터 가을까지 액체비료를 준다.
병충해	거의 없다.
번 식	삽목

특징

1 성장 속도가 빠른 편으로 원산지에서는 1~2m에 달하는 종류도 있다.

2 종형종으로 진한 녹색잎에는 얼룩이나 줄무늬가 없고 잎 둘레에는 옅은 황색 가시가 있다.

3 '황금 이빨 알로에' 로 불리기도 하는데 잎의 길이나 형상에 따라 여러 변종이 있다.

4 봄부터 가을까지가 개화기인데 주황색이나 붉은색 계열의 꽃이 100~200송이 정도 피며 곤충을 유인하는 꿀을 내뿜는다.

관리

■ 여름에는 화분의 흙이 말랐을 때 물을 주고, 겨울에는 거의 주지 않는다.

■ 여름철 고온다습한 기후 조건 때문에 무름병이 발생할 수 있으며, 겨울철 과습에도 주의해야 한다.

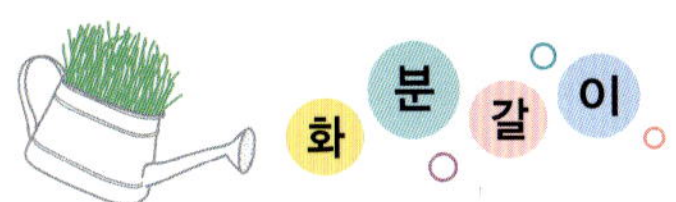

1 화분을 옆으로 기울여 흙과 함께 식물을 빼낸다.

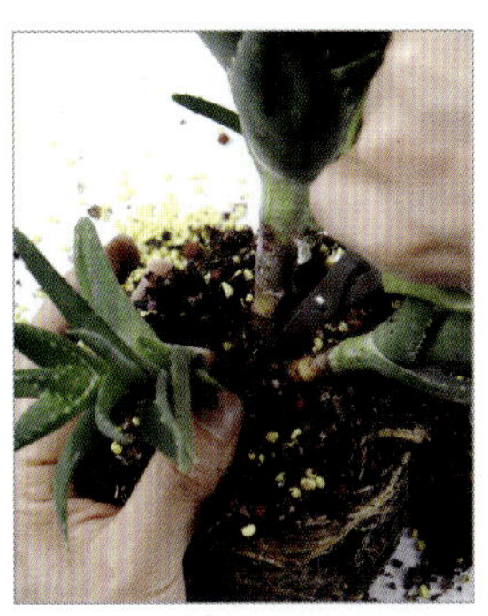

2 준비한 화분에 흙과 함께 그대로 옮겨 심는다.

3 빈 공간이 생기지 않도록 골고루 흙을 채운다.

재료 염좌, 화분, 돌, 깔망, 꽃삽, 마사, 흙, 이끼

1 친숙한 다육 종류 중 하나로, 튼튼하고 굵은 가지가 많이 자란다.

2 실내에서는 1m 정도까지 자라는데, 줄기는 굵고 마디는 짧다.

3 봄에 작은 별 모양의 흰꽃이 무수히 피어나지만 실내에서는 보기 어렵다.

4 다른 다육식물과 마찬가지로 다양한 종과 품종이 재배되고 있다.

화분갈이

관리

- 직사광에도 견딜 수 있지만, 그늘에 두면 줄기가 웃자라 굵어지기 않을 뿐 아니라 쓰러질 수 있으므로 주의한다.

- 저온에 강하므로 10월 초나 중순부터 4월까지 실내에 들여 놓으면 따로 보온에 신경쓰지 않아도 된다. 하지만 서리에 약하므로 실외에 둘 땐 주의하는 것이 좋다.

- 2년에 한 번 봄에 분갈이를 해 준다.

1 배수구를 망으로 가려준다.

2 화분 밑부분을 흙으로 채운다.

3 포트에서 식물을 분리한다.

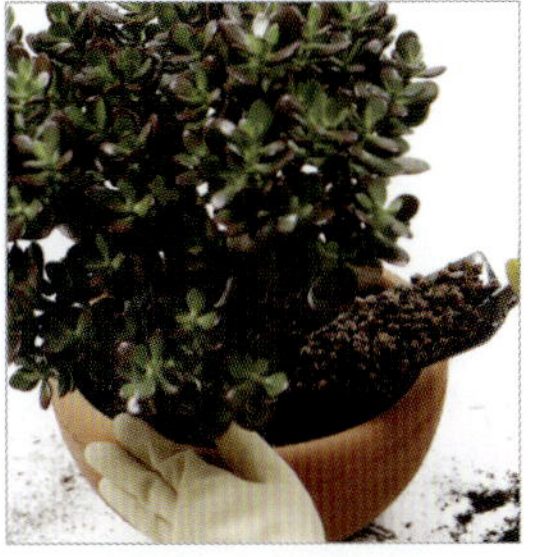

4 화분에 옮겨 심은 후 흙으로 채운다.

5 그 위에 돌과 이끼를 채워 마무리한다.

도쿠리난 [용설란과]

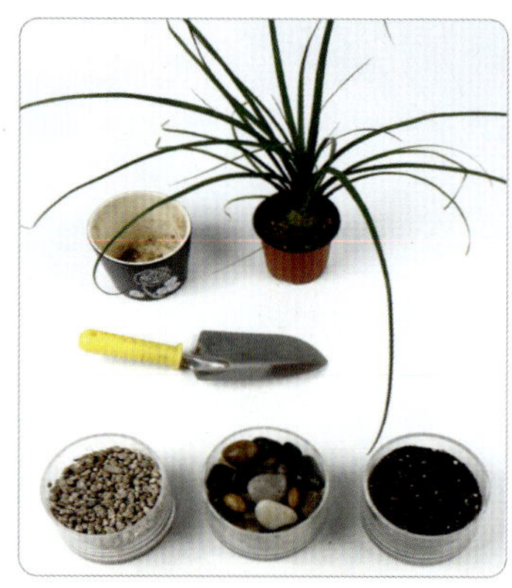

장 소	양지
온 도	20~30℃
물주기	표면 흙이 뽀얗게 말랐을 때 물을 흠뻑 준다.
비 료	봄~여름에 정기적으로 완효성 복합비료를 준다.
병충해	깍지벌레
번 식	실생법, 분주법

특징

1 잎은 줄 모양이고 길이가 1m를 넘기도 하며 가장자리에 잔 톱니가 있다.

2 사막지대에서 자라며, 줄기는 대부분 밑부분이 더 굵다.

관리

■ 그늘에서는 웃자라 잎 모양이 깔끔하지 않고 흐트러진다.

■ 실내 공기가 건조할 경우 잎에 가끔 분무해 주어 습도를 유지한다.

화 분 갈 이

1 화분에 흙을 조금 채워준다.

2 식물을 포트에서 분리한다.

3 화분에 옮겨 심는다.

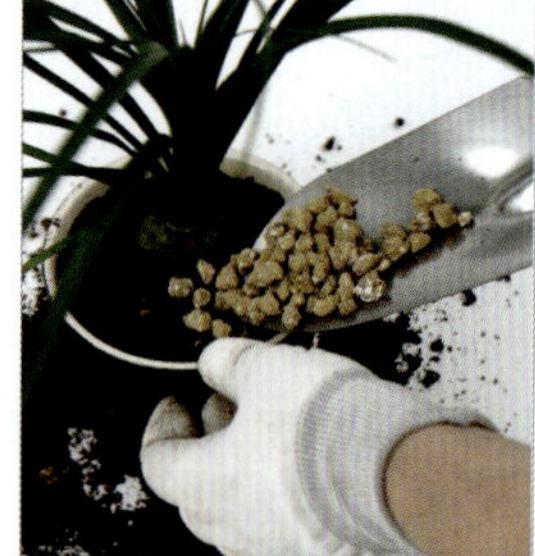

4 마사와 돌을 채워 마무리한다.

피막이 [미나리과]

장 소 반음지

온 도 5~25℃

물주기 흙이 마르기 전에 물을 흠뻑 준다.

비 료 관엽용 액체비료를 준다.

병충해 거의 없다.

번 식 포기나누기, 꺾꽂이, 휘묻이

특징

1 열매에 짧은 대가 있으며 15~40개씩 모여 달리고, 길이가 1~2cm의 편원형이다. 도로변 습한 곳에 서식하는 잡초과이다.

2 피막이란 지혈초(止血草)라는 뜻으로, 피막이 잎은 피를 멈추게 하는 데 사용한다.

관리

■ 습한 곳을 좋아하므로 습기 있는 응달에서도 잘 자란다.

■ 번식력이 뛰어나다.

1 포트에서 식물을 분리한다.

2 준비된 화분에 밑부분만 흙을 채워준다.

3 화분에 식물을 옮겨 심는다.

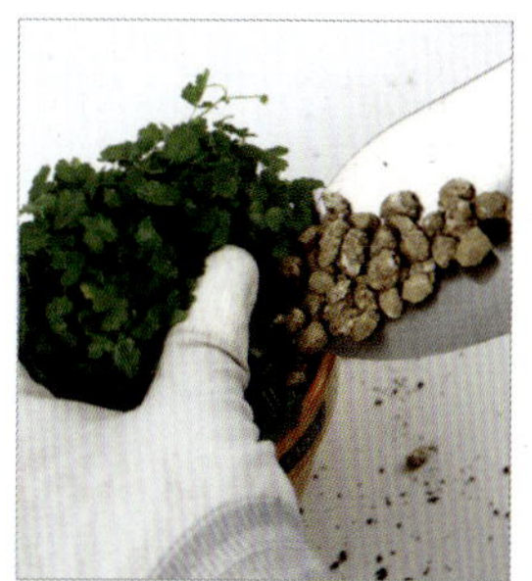

4 흙으로 채우고 마사와 돌을 깔아준다.

은행목 [돌나무과]

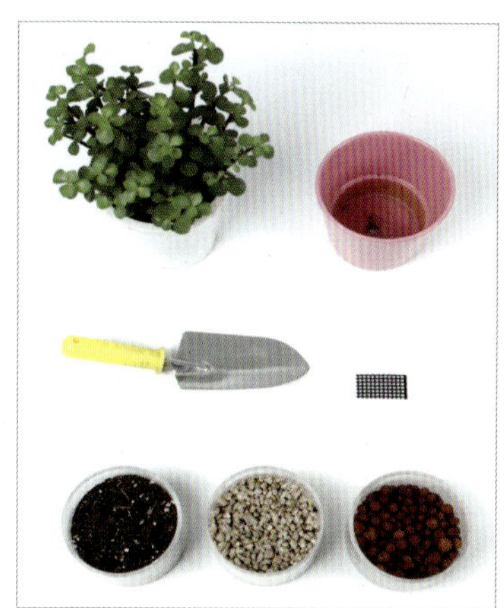

재료 은행목, 화분, 꽃삽, 깔망, 흙, 마사,
하이드로 볼

장 소	반양지
온 도	10~25℃
물주기	흙이 마르면 바로 물을 준다.
비 료	액체용 복합비료를 3주에 한 번 준다.
병충해	깍지벌레, 거미응애
번 식	포기나누기

특징

1 아프리카가 원산지이며 돌나무과의 다육식물이다.

2 늦봄에서 여름에 걸쳐 담홍색 빛깔의 꽃을 피운다.

3 잎에 윤기가 나며 타원형이고 층층히 위로 뻗어 자란다.

관리

■ 잎이 쭈글거리기 전에 물을 충분히 주어야 한다.

■ 보통의 다육식물과 달리 물을 충분히 주면서 관리해야 한다.

■ 2년에 한 번 분갈이를 해 준다.

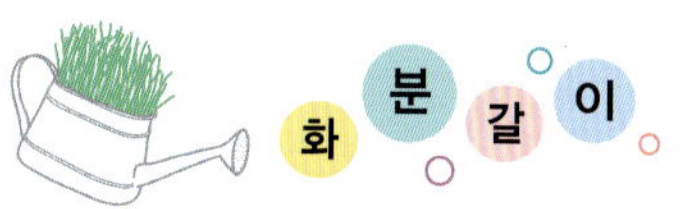

1 포트에서 식물을 분리한다.

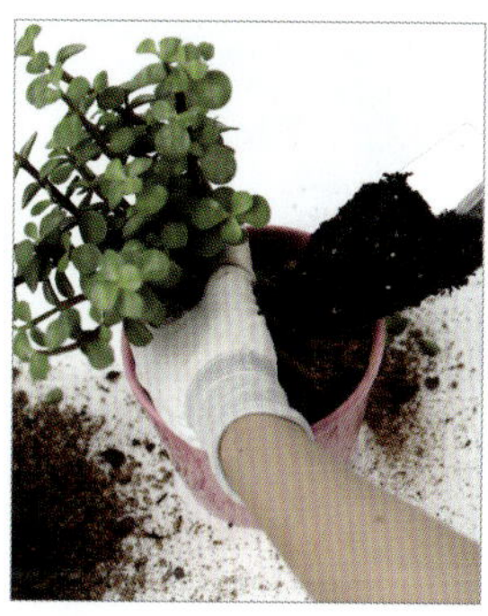

2 흙을 반쯤 털어낸 후 화분에
옮겨 심고 흙으로 채워 준다.

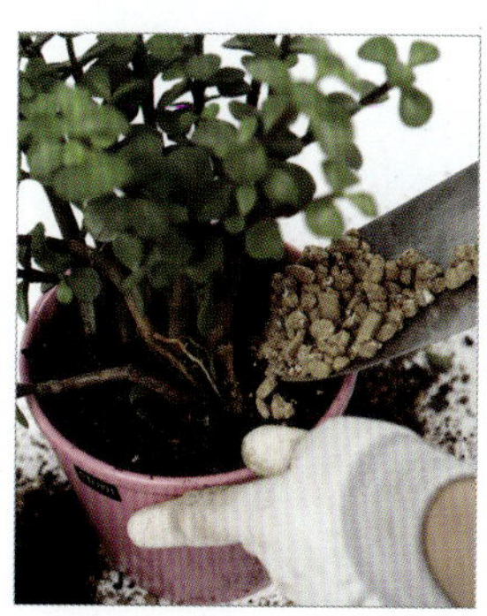

3 마사와 하이드로 볼로 장식하
여 마무리한다.

식물 관리

식물은 계절에 따라 생장과 휴면 주기를 반복하기 때문에 관리도 그에 알맞게 달라져야 한다. 대부분의 식물이 활발한 생장을 하는 봄철에는 물도 충분히 주고 비료도 충분히 주며 종류에 따라 햇볕도 충분히 쪼이도록 해야 하지만, 겨울철에는 휴면에 들어가는 식물들이 많아 물과 비료를 제한하는 것이 좋다.

봄철 식물 관리

봄철은 겨울철 휴면기를 거쳐 본격적인 생장을 시작하는 시기로, 해가 조금씩 길어지고 볕도 강해지는 시기이지만, 기온은 불안정할 때가 많으므로 주의를 기울이는 것이 좋다. 이 시기에는 햇볕, 수분, 영양 등 식물에 필요한 모든 요소들에 골고루 신경을 써야 식물이 잘 자랄 수 있으며, 분갈이나 번식 등에 용이한 계절이기 때문에 식물 가꾸기에 매우 바쁜 계절이다.

장 소 겨우내 실내에서 관리했던 식물을 서서히 베란다로 옮겨준다. 비교적 추위에 강한 식물은 3월 중순부터, 추위에 약한 식물은 4월 초순에 내놓는다. 베란다로 옮길 때는 한 번에 내놓지 말고, 일주일 정도의 충분한 적응 기간을 거쳐 옮기도록 한다.

햇 볕 햇볕이 부족한 겨울철에 실내에서 충분한 햇볕을 보지 못한 식물을 위해 서서히 햇볕에 적응시킨 후 완전히 햇볕을 받을 수 있도록 한다. 이때 보통 40~50% 정도 차광한 햇볕을 보여주다가 5월이 지나면 본격적으로 햇볕에 내놓도록 한다.

온 도 봄이라고는 하지만, 3~4월에는 기온이 일정하지가 않으므로 보온에 신경을 써야 한다. 하지만 낮에는 온도가 올라가기도 하므로 환기에 신경을 써 급격한 온도 변화를 막아 주어야 한다. 5월이 되면 일정한 온도 변화를 보이므로 실외에 내놓아도 좋다.

<table>
<tr><td>물 주 기</td><td>4월 중순까지는 물을 절제하다가 이후에는 충분한 양의 물을 주도록 한다. 봄철에는 대부분의 식물들이 본격적인 생장을 시작하게 되는데, 이 시기에 충분한 수분을 흡수하지 못하면 생육에 좋지 않은 영향을 끼친다. 특히 많은 양의 수분을 필요로 하는 식물은 절대 물을 말려서는 안 된다. 물은 온도가 올라가기 전인 오전 중으로 주도록 하며, 물이 마르기 전에 충분히 준다.</td></tr>
<tr><td>비 료</td><td>두 가지 방법으로 비료를 줄 수 있는데, 분에는 유기질 비료와 골분을 갈아 같이 주고, 잎에는 화학비료를 엽면시비로 준다. 강하게 희석하는 것보다는 1500배 정도 묽게 희석하여 주 1회 정도 주도록 한다.</td></tr>
<tr><td>분 갈 이</td><td>본격적인 생장이 시작되기 전 이른 봄에 분갈이를 해 주는 것이 좋은데, 모든 식물을 모두 분갈이해 줄 필요는 없으므로 꼭 필요한 식물만 분갈이를 해 주도록 한다. 분갈이 후에는 수분과 영양 공급에 특별히 신경 써서 관리하는 것이 좋다.</td></tr>
<tr><td>병 충 해</td><td>식물의 본격적인 생장이 시작되는 시기인 만큼 병충해 역시 식물을 괴롭히기 시작한다. 병충해가 생기기 전 자주 잎에 물을 뿌려 벌레 발생을 예방해 준다.</td></tr>
<tr><td>가지치기</td><td>여름철 꽃을 피우는 식물을 제외하고 가을에 꽃을 피우는 식물은 가지치기를 통해 다듬어 주는 것이 좋다. 가지치기는 겨우내 형성되었던 꽃눈이 잘려 버리면 다시 꽃을 피우지 못할 수도 있으므로 겨울동안 꽃이 펴서 진 것만 주의해서 잘라 내도록 한다.</td></tr>
</table>

✄ 겨울철 식물 관리

우리나라는 사계절이 뚜렷한 편이라 대부분의 식물들이 잘 자라긴 하지만, 겨울철 실내 식물의 경우 난방, 적은 광양, 환기가 잘 되지 않는 탁한 공기 때문에 식물들이 잘 자라기 힘들다. 대부분의 경우 베란다에 두고 식물을 키우는 경우가 많은데, 겨울철이 되면 베란다에 두어도 되는 식물과 실내로 들여야 할 식물을 구분하여 적당한 위치에 두는 것이 좋다.

겨울철에 키우기 원활한 식물의 종류에는 싱그러운 푸른 잎을 즐길 수 있는 관엽식물(야자나무, 소철, 고무나무, 아디안툼), 다른 식물에 비해 신경을 덜 써도 괜찮은 선인장 종류, 단아한 분위기의 난초, 화려한 꽃을 즐길 수 있는 알뿌리 화초(프리지어, 아네모네, 히아신스, 수선화, 튤립, 백합) 등이 있다.

<table>
<tr><td>햇 볕</td><td>대부분의 식물이 휴면기에 들어가는 겨울철에도 필요한 영양분이 있기 마련이다. 영양분을 만들어내는 햇볕이 부족할 경우 식물이 가늘고 힘이 없어지며, 웃자람이 생기고 잎의 색도 엷어지며 쇠약해진다. 햇볕의 양이 적은 겨울철에는 한낮에 베란다에 잠시 내어 두거나, 햇볕이 잘 드는 창가에 두어 필요한 볕을 충분히 받을 수 있도록 한다.</td></tr>
</table>

온 도	관엽식물의 대부분은 아열대가 원산지이므로, 실내 온도가 10℃ 이상은 되어야 한다. 하지만 지나치게 높은 온도가 계속될 경우 병충해가 생길 염려가 있으므로 햇볕이 많이 드는 시간에 환기를 시키거나, 햇볕이 잘 드는 베란다 등에 내놓는 것도 좋다. 상록 종류는 겨울철에 충분한 동면이 필요하므로 조금 서늘하게 관리한다.
물주기	겨울철에는 오전 10시에서 오후 4시 사이 햇볕이 들어 온도가 비교적 높은 시간에 물을 주는 것이 좋다. 대부분의 식물이 휴면기이므로 다소 건조한 듯 관리해도 괜찮은데, 흙을 만져 보았을 때 충분히 말라 있으면 물을 주도록 한다.
비 료	식물의 휴면기인 겨울철에는 굳이 따로 영양 공급을 하지 않아도 되는데, 꽃을 피우는 식물의 경우엔 겨울철에도 충분한 영양을 공급해 주어야 한다. 영양제나 비료를 주고 3~4일간은 물을 주지 않는 것이 좋은데, 이는 영양분이 충분히 흡수될 수 있도록 시간이 필요하기 때문이다.

※ 온도에 따른 겨울철 식물 분류

- **5~10℃ 정도의 저온** : 동양란 등 온대 지방의 식물과 가을에 심는 구근류 – 사철나무, 월계수, 유도화 등 목본성 식물

- **10~17℃ 정도의 중온** : 지방의 남부와 아열대 원산의 식물 – 비로야자, 카나리야자, 대추야자, 시네라리아, 심비듐, 풍란, 석곡 등

- **17~24℃ 정도의 중·고온** : 난초 종류 중 카틀레야, 파피오페딜룸, 반다, 온시디움, 덴드로비움과 일반적인 분화식물

- **24~28℃ 정도의 고온** : 열대 지방 및 아열대 지방이 원산인 식물 – 나도제비난초(호접란), 밀토니아, 마란타 등

※ 식물의 병과 해충

식물도 사람과 마찬가지로 아파서 병에 들기도 하고, 해충의 피해를 입기도 한다. 식물의 병해충은 미리 방제하는 것이 가장 중요하지만, 이미 발생한 병해충은 피해가 커지기 전에 재빨리 제거해 주어야 한다. 식물의 병해충은 대체적으로 고온 건조한 환경이나 허약한 식물에서 잘 발생하므로 적절한 생육 환경과 끈임없는 관심을 기울여야 한다.

눈에 보이는 해충류는 젓가락이나 핀셋 등을 이용하여 집어 내고, 아주 작은 종류는 칫솔로 털어 낸다. 또는 물을 충분히 뿌려 씻겨 내려가게 하거나, 약한 비눗물을 탄 물을 뿌려주어도 되며, 약제를 탄 물을 잎의 앞뒷면에 충분히 뿌려 주어도 좋다. 하지만 너무 심하게 피해를 입은 잎이나

꽃은 잘라서 태워 다른 식물로의 감염을 막는 것이 좋으며, 구제 후에는 소독을 하도록 한다.

✂ 해충별 생물학적 방제법

효과적인 해충	방 법	상 세 내 용
총채벌레, 모기, 날파리	끈끈이 사용	접착제가 발린 얇은 판을 매달거나 꽂아준다.
응애, 총채벌레	사우나 시키기	물을 준 후 공기가 통하지 않도록 비닐로 감싸 그대로 며칠 둔다. 관엽식물에 효과적인 방법이다.
진딧물, 깍지벌레, 가루깍지벌레	비눗물 뿌리기	1L의 물에 물비누와 알코올 1큰술을 섞어 3일에 한 번 뿌려준다.
진딧물, 응애, 총채벌레	물에 담그기	미지근한 물로 여러 번 샤워를 시키거나, 화분을 거꾸로 들어 줄기 부분만 물 속에 담그는 방법이다.
응애, 총채벌레, 가루깍지벌레	익충 투입하기	무당벌레, 풀잠자리, 포식성 응애 등의 익충을 넣는다.
진딧물, 깍지벌레, 가루깍지벌레, 응애, 총채벌레, 모기	식물 보강 요법	해충이 생기지 않게 식물을 튼튼하게 키우는 것으로, 아스피린을 섞은 물이나 계란 껍데기를 담가 두었던 물을 주기도 한다.
진딧물, 응애, 총채벌레	양파 & 마늘 요법	양파와 마늘을 잘게 다져 물속에 몇 시간 담가두었다 걸러 낸 물을 일주일에 두세 번 화분에 뿌려준다.
진딧물, 깍지벌레, 총채벌레, 응애	가벼운 도구 이용	벌레가 발견되면 손으로 잡거나 솔 종류를 이용해 문질러 털어 낸다.

각 증상별 알맞은 약을 선택하여 사용법에 따라 물에 희석하여 식물에 뿌려준다.

식물에 발생하는 주요 병해충

- **탄저병** : 잎 끝에 어두운 갈색 줄이 생기고, 움푹 들어간 검은 반점이 보인다. 고온다습한 환경에서 잘 발생하는데, 감염된 잎을 제거하고 방부제를 살포한 후 한동안 건조한 곳에서 분무하지 않고 관리한다.

- **잿빛곰팡이병** : 저온다습한 환경에서 주로 발생하는 현상으로, 식물의 전체 부분에 회색의 복슬복슬한 곰팡이가 피어난다. 감염 부위를 잘라내고 통풍과 물주기에 주의하여 관리한다.

- **뿌리썩음병** : 잎이 누렇게 변하면서 빠른 속도로 갈변한다. 상한 부위를 제거하고 분갈이를 한 다음 카벤다짐 용액을 뿌린다. 회복까지 직사광선은 피하고 물을 주지 않는다.

- **그을음병** : 해충의 분비물 위에 생긴 검은 곰팡이로서, 햇빛과 기공을 차단하여 식물의 생육을 방해한다. 발견 즉시 죽이고 젖은 천으로 닦아낸 후 깨끗한 물로 헹궈 준다.

- **진딧물** : 검은색이나 회색, 오렌지색을 띠며 식물의 진액을 빨아 먹는다. 생장점, 꽃눈 부위 등 주로 식물의 연한 조직을 공격하는 해충이다. 살충제를 반복 살포해 준다.

- **깍지벌레** : 희고 미세한 털을 가졌거나 작은 갈색의 조각들이 잎 뒷면과 엽맥을 따라 붙는다. 입이 누렇게 변하면서 떨어지는 현상이 생기는데, 초기에는 젖은 천으로 닦으면 효과를 볼 수

있으나 심해지면 완벽한 제거가 거의 불가능해진다.

■ **응애** : 주로 고온 건조한 환경에서 발생하며, 잎 뒷면에 기생하여 식물의 즙을 빨아들인다. 잎의 윗면에 누런 얼룩반점이 생기고 낙엽이 지며, 잎과 줄기 사이에 거미줄이 생기기도 한다. 발견 즉시 살충제를 살포하여 방제한다.

■ **총채벌레** : 작고 검은 해충으로 실내 식물에는 자주 나타나지 않으나, 잎에서 잎으로 날아다니며 은색의 줄을 만든다. 꽃에 반점이 생기거나 꽃의 모양이 변하며, 식물의 생육이 크게 떨어진다. 초기에 살충제를 반복 살포해 주어 방제한다.

■ **온실가루이** : 성충은 잘 보이지 않으며, 녹색의 유충이 잎 뒷면에 붙어 식물의 진액을 빨아먹으며 점액질을 분비한다. 자주 발생하는 해충으로 심하면 누렇게 변하면서 낙엽이 떨어진다. 방제가 어려운 해충으로 살충제를 3일 간격으로 살포한다.

Green Plant

집안을
화사하게
하는 식물

수 국 [범의귀과]

재료 수국 2개, 화분, 돌, 꽃삽, 깔망, 마
      사, 흙, 이끼

장 소	반양지, 반음지
온 도	10~20℃
물주기	흙이 마르기 전에 물을 준다.
비 료	봄~가을까지 관엽식물용 복합비료를 2주에 한 번씩 준다. 겨울에는 주지 않는다.
병충해	거미 응애, 잿빛곰팡이병, 흰가루병
번 식	꺾꽂이

특징

1 꽃은 흰색, 파란색, 양홍색 등을 띠며 무리를 이른다.

2 따뜻한 곳, 서늘한 곳에서 모두 다 기를 수 있지만, 서늘한 곳을 더 선호한다.

관리

■ 물을 좋아하는 식물이지만 화분에 물을 너무 많이 주면 뿌리와 줄기가 상하게 된다.

■ 꽃을 보기 위해서는 계절별로 관리가 필요하다.

■ 꽃 피는 동안이나 생장기에는 물을 충분히 주어 마르지 않도록 한다. 나머지 기간에는 물을 적게 준다.

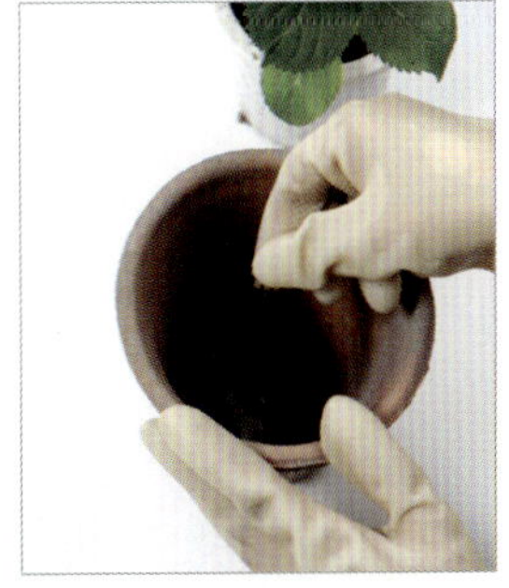

1 화분의 배수구를 망으로 가려준다.

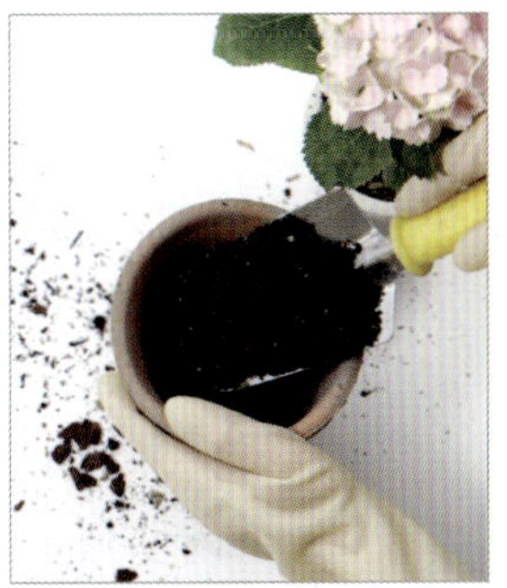

2 화분 밑바닥에 어느 정도 흙을 깔아준다.

3 식물을 화분에 옮겨 심는다.

4 흙으로 채워준 후 돌과 이끼로 장식한다.

구즈마니아 [파인애플과]

장 소	반음지
온 도	8~20℃
물주기	표면의 흙이 말랐을 때 물을 준다.
비 료	봄~여름에 복합용 액체비료를 두 달에 한 번 준다.
병충해	깍지벌레
번 식	포기나누기

특징

1 잎은 로제트 형태를 이루고 있으며 붉은색의 화려한 꽃이 핀다.

2 파인애플과 종류로 부드러운 녹색 잎과 아름다운 꽃이 피는 소형종이다.

3 정글의 나무나 바위에 착상해 살기도 하지만 요즘에는 일반화되어 가정에서 화분으로 많이 키운다.

관리

■ 물을 너무 많이 주면 뿌리가 썩을 수 있으므로 주의해서 관리한다.

■ 비교적 키우기 쉬우며 햇빛이 충분한 곳에 두면 꽃을 피운다.

■ 5~9월 사이의 생육기에는 물을 흠뻑 주고, 10월 이후엔 다소 건조하게 관리한다.

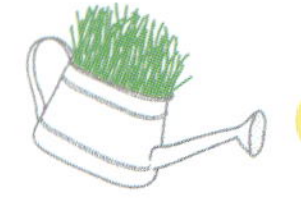   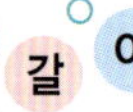 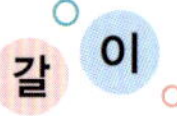

화 분 갈 이

   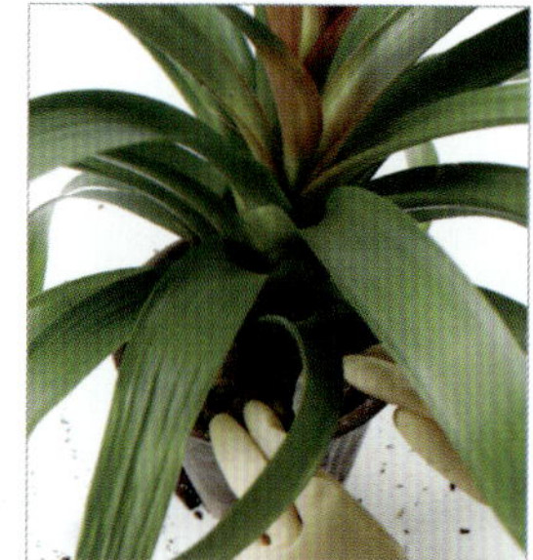

1 화분의 배수구를 망으로 가려준다.

2 마사를 밑바닥 부분에 넣고 흙을 깔아준다.

3 식물을 화분에 옮겨 심은 후 흙으로 채워준다.

4 돌과 이끼로 장식하여 마무리한다.

카 라 [천남성과]

장 소 반음지

온 도 10~16℃

물주기 흙이 말랐을 때 물을 준다.

비 료 액체비료를 생장 기간에 격주로 준다.

병충해 깍지벌레

번 식 포기나누기

특징

1 겨울이나 이른 봄에 피는 꽃은 긴 꽃대 끝에 황금빛의 육수화서가 있고 하얀색 또는 노란색의 포에 감싸여져 있다.

2 봄부터 가을까지는 실외에서 기르는 꽃 피는 관상용 식물이다.

3 창이나 화살 모양을 한 큰잎은 황녹색이나 진녹색이고 흰 점이 있기도 하다.

관리

■ 온도가 높으면 개화기간이 짧아지고, 서늘한 곳에 두면 꽃의 수명이 길어지고 색깔도 선명해진다.

■ 실내에서는 생장기간인 봄, 겨울의 생장 조건과 같은 조건으로 한다.

■ 흙의 수분을 유지할 수 있도록 하고 햇빛이 잘 들며 통풍이 잘 되는 곳에 둔다.

  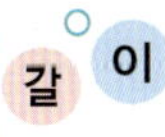 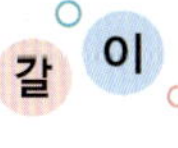

화 분 갈 이

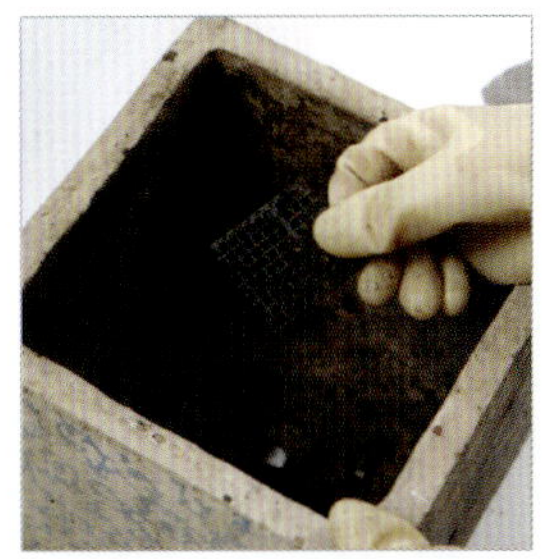

1 화분의 배수구를 망으로 가려준다.

2 흙으로 밑 부분을 채워준다.

3 포트에서 식물을 분리한다.

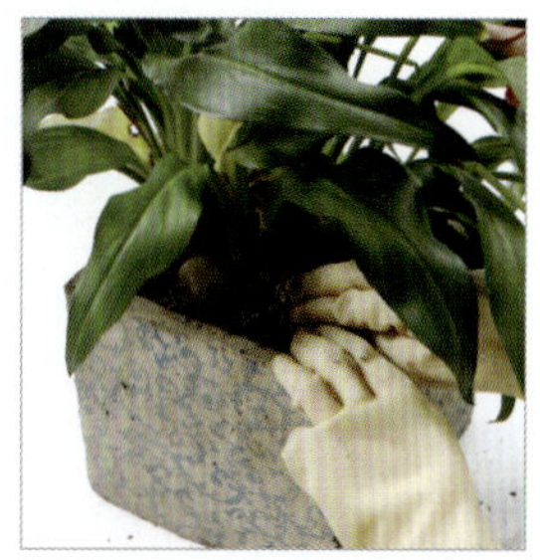

4 화분에 옮겨 심은 후 마사, 돌, 이끼 등으로 마무리한다.

벨루스 [돌나무과]

재료 벨루스, 화분, 꽃삽, 깔망, 흙, 하이
　　　드로 볼

장 소	양지
온 도	15~25℃
물주기	흙이 말랐을 때 물을 듬뿍 준다.
비 료	봄과 가을에 묽은 액체비료를 준다.
병충해	역병, 깍지벌레
번 식	삽목, 잎꽂이

특 징

1 키는 꽃자루까지 15cm 자란다.

2 줄기가 없거나 짧은 줄기에 잎은 나선형 모양으로 촘촘하게 붙
　어 있다.

3 잎은 어두운 갈색에서 회녹색으로 달걀 모양이며 육질이 도톰하다.

관 리

■ 건조에는 강하지만 습한 환경에는 약한 특성이 있으므로 장마철
　과 겨울철에는 물주기에 조심한다.

■ 햇볕을 좋아하므로 실내에서는 빛이 충분하고 통풍도 잘 되는 곳
　에 놓고, 겨울에는 얼지 않을 정도의 온도를 유지해야 한다.

■ 그늘에서는 웃자라기 때문에 햇볕이 드는 창가나 베란다에서 기
　르는 것이 좋다.

1 포트에서 식물을 분리한다.

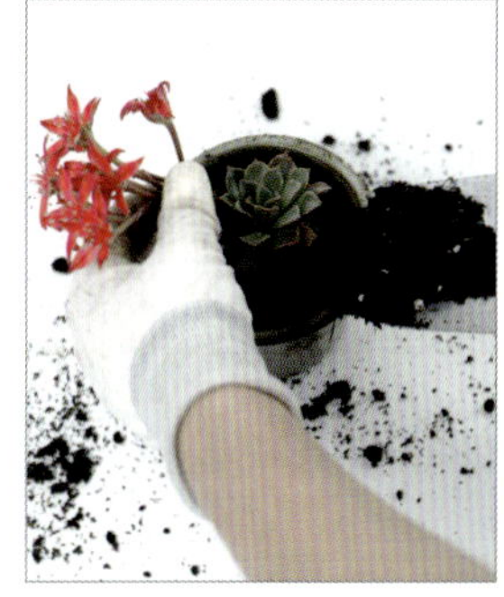

2 화분에 옮겨 심은 후 흙을 골
　고루 채운다.

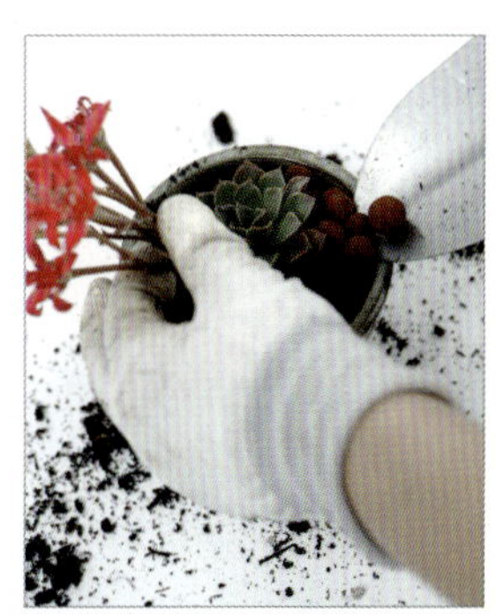

3 하이드로 볼로 장식하여 마무
　리한다.

익소라 [꼭두서니과]

장 소	반양지
온 도	15~20℃
물주기	흙이 마르기 전에 물을 준다.
비 료	4월에서 9월까지 두 달에 한 번 지속성 있게 화학비료를 준다.
병충해	깍지벌레, 응애, 진딧물
번 식	꺾꽂이

특징
1. 꽃은 피어도 열매는 맺지 않는 식물이다.
2. 보통 실내 재배에서는 10월 하순~11월 상순쯤 새순의 끝 부분에 꽃눈이 생기고 다음 해 5~7월에 개화한다.

관리
- 뿌리가 마르면 병이 생기고 회복 불가능한 경우가 있으므로 뿌리가 마르지 않도록 주의한다.
- 여름의 강한 직사광선은 잎을 타게 할 수 있으므로 피하는 것이 좋다.

화 분 갈 이

1 포트에서 식물을 분리한다.

2 흙을 반쯤 털어낸 후 화분에 심는다.

3 부족한 흙을 채워준다.

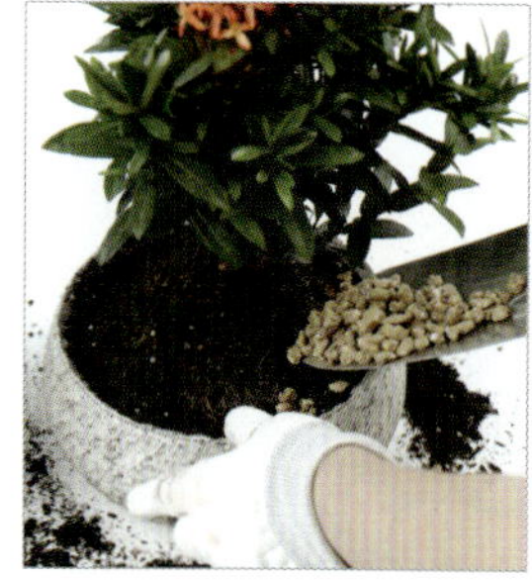

4 마사와 돌을 채워 마무리한다.

불로초 [돌나무과]

장 소 양지, 반양지

온 도 5~25℃

물주기 15일에 한 번 정도 물을 준다.

비 료 관엽식물용 비료를 한 달에 한 번 정도 준다.

병충해 진딧물

번 식 씨뿌리기, 꺾꽂이

특징

1 불로초는 경북 청송의 주왕산이나 러시아 연해주에 자생하고 있으며, 키는 10~30cm까지 자란다.

2 몇 개의 굵은 뿌리가 있으며, 줄기는 밑으로 쳐지며 자란다. 잎은 서로 마주보며 자라며 붉은 빛이 돈다.

3 7~8월에 좁살만한 꽃이 피며, 열매는 10월에 익는다. 번식력과 자생력이 뛰어나다.

관리

■ 햇빛이 잘 드는 곳에 두어야 하며 자생력이 좋아 잘 자란다.

■ 일 년에 한 번 이른 봄에 분갈이를 해 준다.

화 분 갈 이

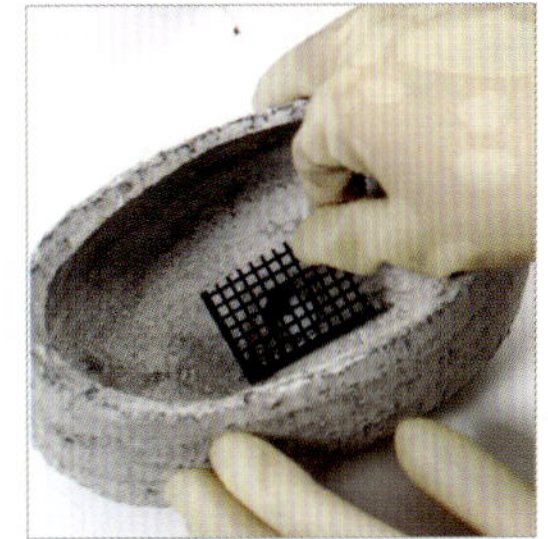

1 화분의 배수구를 망으로 가려준다.

2 포트에서 식물을 분리한다.

3 식물을 화분에 차례로 옮겨 심는다.

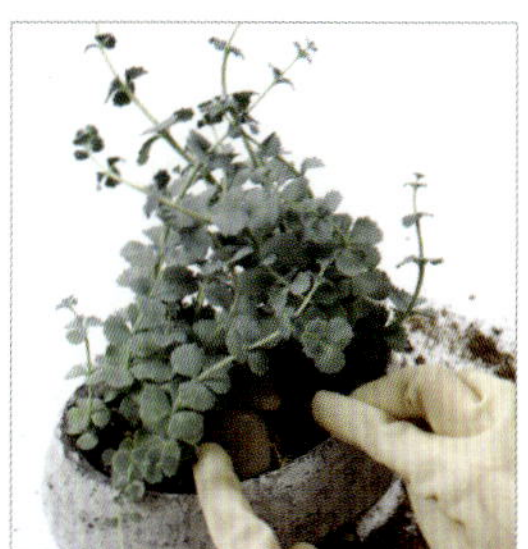

4 흙과 이끼, 돌로 장식하여 마무리한다.

안젤로니아 [현삼과]

재료 안젤로니아, 화분, 깔망, 꽃삽, 돌,
     흙, 마사

장　소	양지, 반양지
온　도	20~30℃
물주기	꽃이 피어 있을 때는 매일, 꽃이 진 이후에는 2~3일에 한 번씩 물을 준다.
비　료	액체용 복합비료를 3주에 한 번 준다.
병충해	진딧물
번　식	포기나누기, 씨뿌리기

특징

1 줄기에는 가는 털이나 끈적끈적한 털로 덮혀 있고 꼿꼿하게 서기도 하고 기거나 덩굴을 이루기도 하는 특이한 식물이다.

2 중앙아프리카와 남미가 원산지이며, 현재 30여 종이 있어 절화용으로도 사용하고 있다.

3 꽃은 청색, 자주색 또는 이들 색에 무늬가 섞여 있다.

관리

■ 햇빛을 좋아하므로 햇빛이 잘 드는 창가나 베란다에 둔다.

■ 줄기에 힘이 없어 사방으로 흐트러져 자라므로 지지대를 세워 타고 올라가며 자랄 수 있도록 해 준다.

■ 일 년에 한 번 봄에 분갈이를 해 준다.

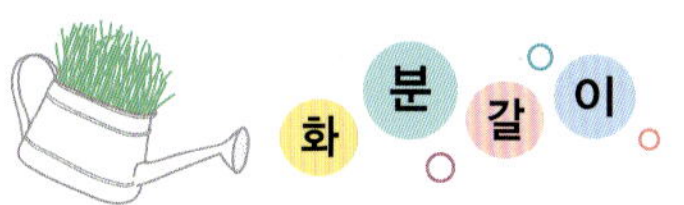

1 포트에서 식물을 분리한다.

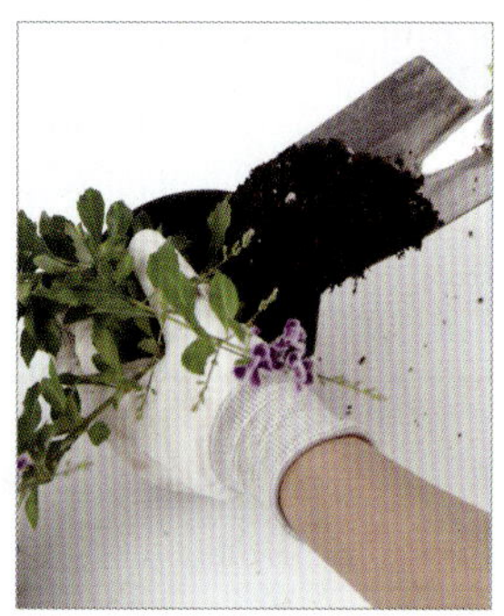

2 흙을 반쯤 털어낸 후 화분에 옮겨 심는다.

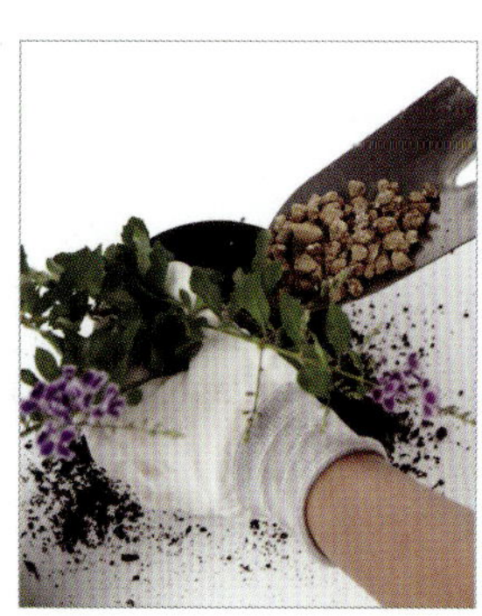

3 마사와 돌로 장식하여 마무리한다.

글록시니아 [게스네리아과]

재료 글록시니아, 화분, 꽃삽, 깔망, 흙,
돌, 마사

장 소	반음지
온 도	23~25℃
물주기	표면의 흙이 말랐을 때 물을 준다.
비 료	관엽식물용 복합비료를 두 달에 한 번 준다.
병충해	역병, 잿빛곰팡이병, 잎선충
번 식	잎꽂이

1 포트에서 식물을 분리한다.

특징

1 통화식물목 게스네리아과의 관상식물이며 브라질이 원산지이고, 현재 20여 종이 있다.

2 잎에는 잎자루가 있고 타원형으로 끝이 뾰족하며 껍질이 두껍고 가장자리에 둔한 톱니가 있다. 또한 전체가 벨벳 같은 부드러운 털로 덮여 있다.

3 글록시니아는 따뜻한 온도에서 키우면 1년 내내 꽃을 피우는 화초이다.

4 글록시니아는 온실 재배용이다.

관리

■ 빛이 안 들거나 환기가 잘 안되어 건조한 실내에서는 심하게 웃자라거나 줄기가 쇠약해질 수 있다.

■ 저온에서 키울 경우 화분의 흙이 너무 과습하게 되면 물기를 많이 머금은 잎과 줄기가 짓무를 수 있다.

■ 고온에서의 과습도 피해야 하며, 식물체가 심한 건조로 인해 스트레스를 받아도 위축되므로 적당한 토양 습도가 유지될 수 있도록 물주기에 신경을 써야 한다.

■ 물을 줄 때 잎에 물이 묻으면 검은 얼룩이 지며 죽을 수도 있으므로 주의해야 한다.

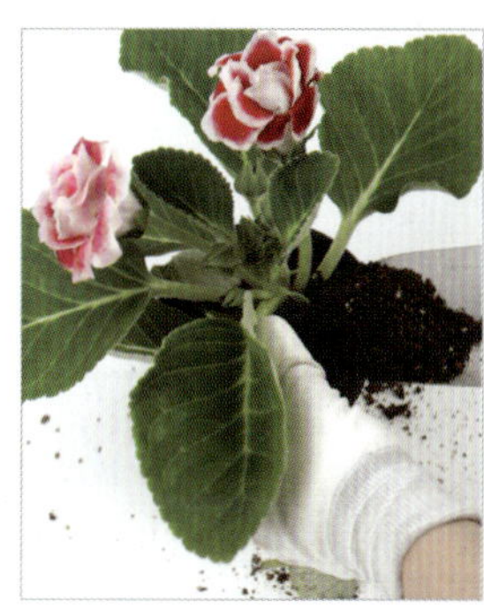

2 기존의 흙을 반쯤 털어낸 다음 준비된 화분에 옮겨 심는다.

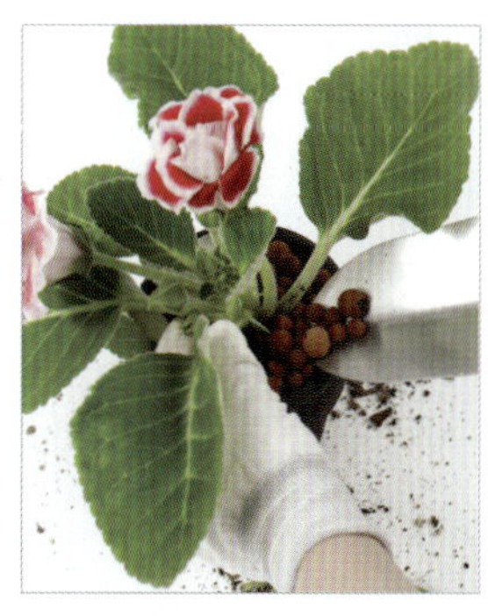

3 흙을 채운 후 마사와 돌로 장식하여 마무리한다.

새우풀 [쥐꼬리 망초과]

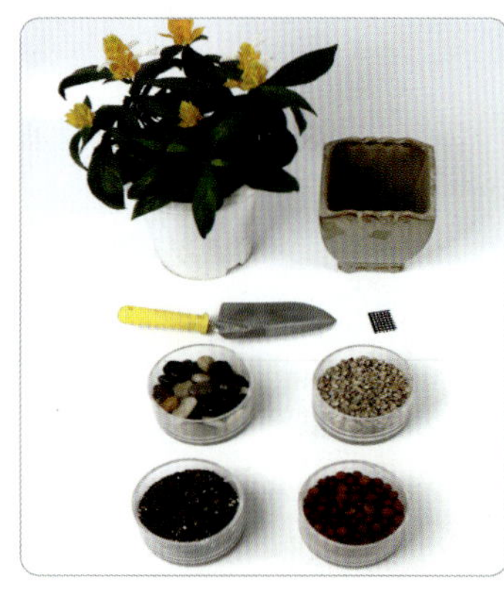

장 소	양지, 반양지
온 도	7~15℃
물주기	겉흙이 마르면 규칙적으로 물을 준다.
비 료	관엽식물용 복합비료를 한 달에 한 번 주며 겨울철에는 주지 않는다.
병충해	진딧물, 거미 응애, 잿빛곰팡이병
번 식	나뭇가지를 잘라 번식한다.

특징

1 새우풀의 형태가 새우 모양과 비슷하다고 해서 붙여진 이름이다.

2 잎은 타원형으로 생겼으며 털로 덮여 있다.

관리

■ 겨울철에는 물을 자주 주지 않으며, 밝은 빛이 드는 곳에 둔다.

■ 새로운 꽃을 보려면 가지를 잘라 준다.

■ 일년에 한 번 가을에 분갈이를 해 준다.

화 분 갈 이

1 포트에서 식물을 분리한다.

2 화분에 옮겨 심은 후 골고루 흙을 채워 넣는다.

3 마사와 돌, 하이드로 볼을 깔아 마무리한다.

펜타스 [꼭두서니과]

재 료
펜타스, 화분, 꽃삽, 깔망, 돌, 마사, 하이드로 볼, 흙,

장 소	반양지, 반음지
온 도	10~16℃
물주기	흙이 말랐을 때 물을 준다.
비 료	액체용 복합비료를 한 달에 한 번 준다.
병충해	깍지벌레, 진딧물, 응애
번 식	포기나누기

특징
1 꼭두서니과의 식물로, 별 모양의 꽃이 아름다운 열대성 화초이다.
2 개화 기간이 길어 가을까지 꽃을 볼 수 있다.

관리
- 꽃이 피는 개화기 때는 꽃에 직접 물을 주지 않도록 주의한다.
- 밝고 서늘한 곳에서 관리한다.
- 일 년에 한 번 이른 봄에 분갈이를 해 준다.

화 분 갈 이

1 포트에서 식물을 분리한다.

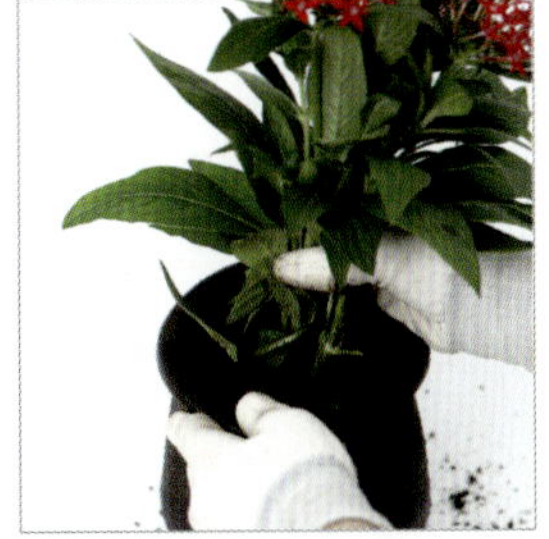

2 흙을 반쯤 털어낸 후 화분에 옮겨 심는다.

3 부족한 흙을 골고루 채운다.

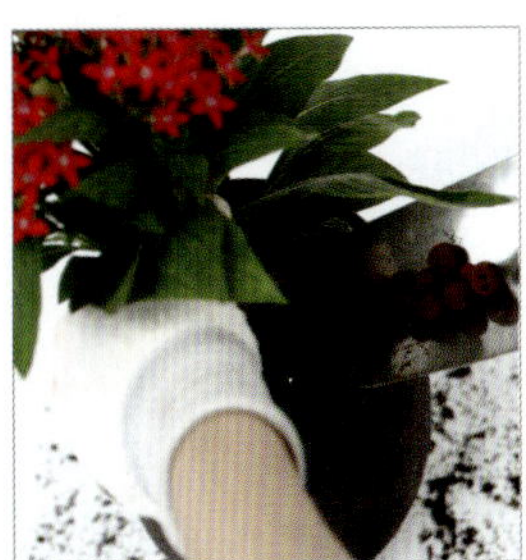

4 마사와 돌, 하이드로 볼로 채워 마무리한다.

칸나 / 벵갈타이거 [마란타과]

재료 칸나, 배수구가 없는 화분, 꽃삽,
       마사, 흙

장 소	반음지
온 도	20~25℃
물주기	흙에 물이 마르지 않았을 때 촉촉이 준다.
비 료	봄부터 가을까지 액체비료를 한 달에 한 번 준다.
병충해	탄저병, 속머리
번 식	구근나누기

특징

1 열대, 아열대가 원산지이며 외떡잎 식물 마란타과 여러해살이풀로, 줄기는 원기둥 모양으로 1~1.8m 정도 자란다.

2 꽃이 핀 후 2일 뒤부터 꽃판의 끝이 뒤로 말린다.

3 수생식물로 물 속에서도 잘 자란다.

4 꽃은 한여름에서 이른 가을까지 오렌지색, 붉은 오렌지색 등이 있으며 줄기 끝에서 피고 진다.

관리

■ 진흙 같은 질퍽한 곳에서 자라므로 흙이 마르지 않도록 해야 한다.

■ 통풍이 잘 되는 장소에서 관리해야 한다.

■ 배수가 잘 되며 보수력이 높아야 한다.

1 식물을 화분에서 분리한다.

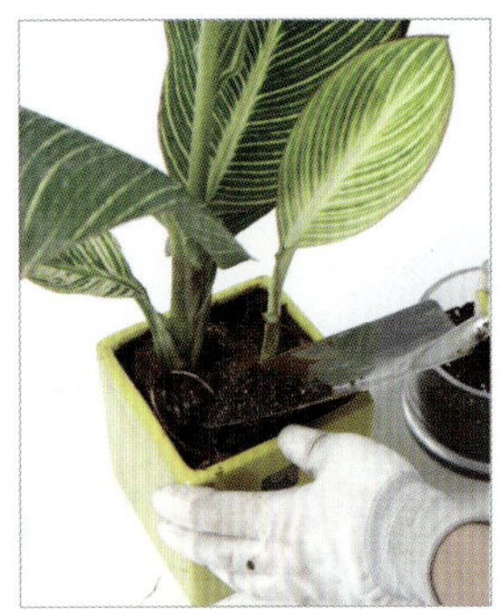

2 준비된 화분(배수구가 없는 화분)에 옮겨 심는다.

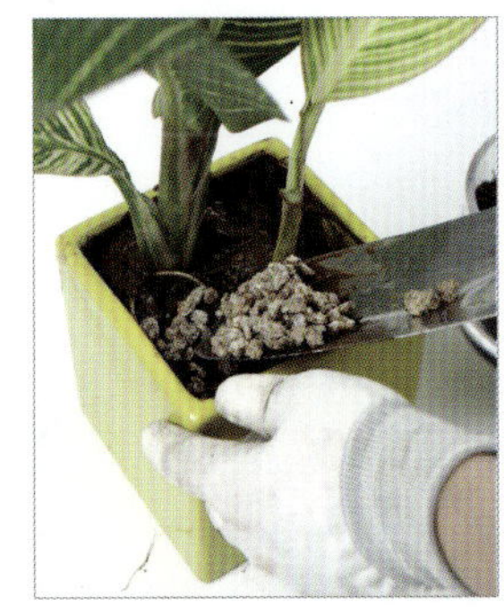

3 마사를 채워 마무리한다.

사피니아 [가지과]

장 소	양지
온 도	25~30℃
물주기	직사광선에서 물이 마르지 않도록 물을 자주 준다.
비 료	사피니아 전용 액체비료를 희석해서 주면 좋다.
병충해	잿빛곰팡이병
번 식	꺾꽂이

재료 사피니아, 화분, 꽃삽, 깔망, 하이드로 볼, 돌, 흙

특징

1 남미가 원산지이며 쌍떡잎식물, 통화식물 가지과의 여러해살이풀이다.

2 사피니아는 피튜니아의 변종으로, 피튜니아가 1년초로 분류되는 반면, 사피니아는 다년생으로 분류된다.

3 보통 6~10월 꽃을 피우지만 봄부터 가을까지 계속 꽃을 피우며, 분지력이 강한 식물로 더위에 강하고 내병성, 내우성이 있어 원예식물로 각광을 받고 있다.

관리

- 하루종일 직사광선을 쪼여줄 수 있는 장소가 가장 이상적이다.
- 여름 더위에 매우 강한 편이나 추위에는 약하다.

  화 분 갈 이

1 준비된 화분에 흙을 채운다.

2 포트에서 식물을 분리한 후 화분에 옮겨 심는다.

3 흙을 골고루 채워준다.

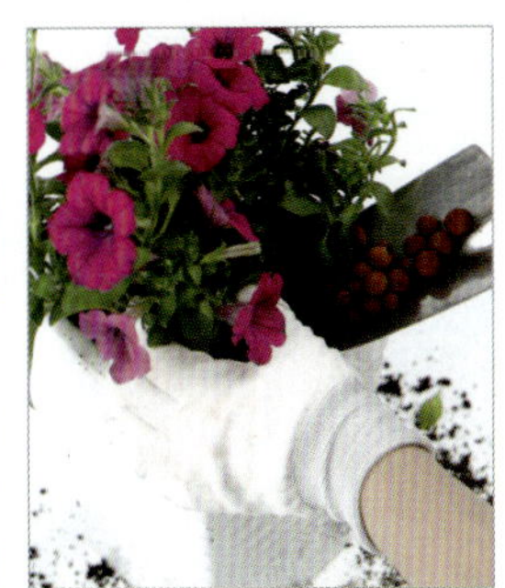

4 돌과 하이드로 볼로 장식하여 마무리한다.

신비디움 [난초과]

146

재료 신비디움, 칼라데아, 필란시아, 화분,
꽃삽, 바크, 흙, 이끼, 돌, 오동추라인

장 소	반양지
온 도	15~24℃
물주기	흙이 말랐을 때 물을 준다.
비 료	봄부터 가을까지 난 전용 비료를 한 달에 한 번씩 준다. 겨울에는 주지 않는다.
병충해	깍지벌레, 거미 응애, 곰팡이병
번 식	조직배양

특징

1 실내, 온실, 일광욕실에서 기르는 꽃피는 난이다.
2 착색형 난으로 기부(基部)에 가죽 질감의 잎이 난다.
3 길게 늘어진 화서(꽃차례) 형태로 피는 꽃은 흰색, 노란색, 초록색, 분홍색, 자주색이다.

※ **꽃차례** : 꽃이 줄기나 가지에 붙어 있는 상태를 말한다.

   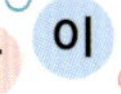
화 분 갈 이

관리

- 꽃이 시들면 두 번째 화서 가까이 잘라줘서 새로운 화서들이 자랄 수 있게 한다.
- 화분이 뿌리로 가득 차면 꽃이 진 후 분갈이를 해 준다.
- 간접 광에서 잘 자라며 직사광선은 피한다.
- 겨울철의 최저온도는 15℃ 이상, 가능하면 18℃ 이상을 유지해야 한다. 어느 계절이든 통풍에 주의한다.

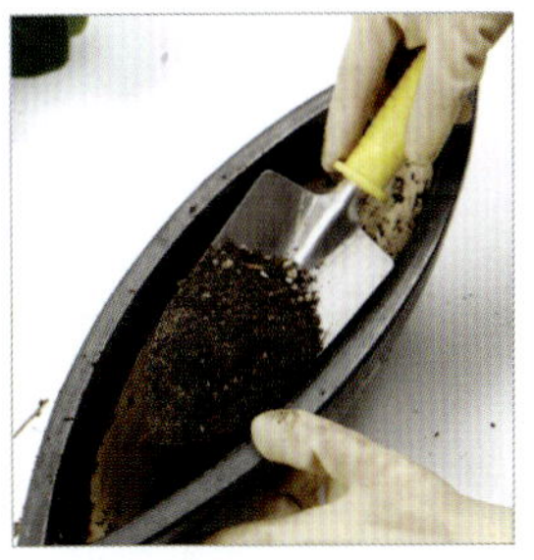

1 흙을 화분 밑부분에 깔아준다.

2 중심에서 약간 벗어난 자리에 신비디움을 심어준다.

3 칼라데아를 포트에서 분리해 오른쪽 끝부분에 심어준다.

4 필란시아를 왼쪽 끝부분에 심어준다.

5 흙과 바크로 마무리한 후 오동추라인으로 장식한다.

겐 지

재료 겐지, 화분, 난석, 꽃삽, 분무기, 받
침대

장 소	반음지
온 도	15~25℃
물주기	난석이 마르면 물을 충분히 준다.
비 료	봄, 가을에 액체비료를 준다.
병충해	달팽이, 진딧물
번 식	포기나누기

특징

1 보세란과 신비디움의 교배종으로 동양란의 향과 서양란의 화려
함을 동시에 갖추고 있다.

2 꽃대가 굵고 힘차며 오래가기 때문에 승진, 취업, 개업 등의 일
반적인 축하용 화초로 적합하다.

3 10월에서 이듬해 3월 사이에 꽃이 피는데 보세란보다 꽃향기는
연하다. 또 오전에는 꽃향기를 맡을 수 있지만 오후에는 향이 나
지 않는다.

관리

■ 4월에서 8월까지는 난석이 마른 당일 저녁에 물을 주고, 9월에서
이듬해 3월까지는 난석이 마른 다음날 오전에 물을 준다.

■ 한여름과 성장을 잠시 멈추는 겨울철 휴면기에는 비료를 전혀 주
지 않는다.

■ 겨울철 오전에는 햇빛을 받는 것이 좋으나 그 외에는 직사광선을
피하도록 한다.

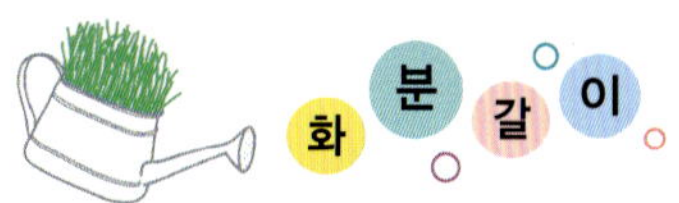

1 뿌리가 다치지 않도록 화분을
기울여 빼낸다.

2 옮겨 심을 화분에 식물을 그
대로 심는다.

3 난석을 화분에 꽉 차게 채운다.

관상 토마토 [가지과]

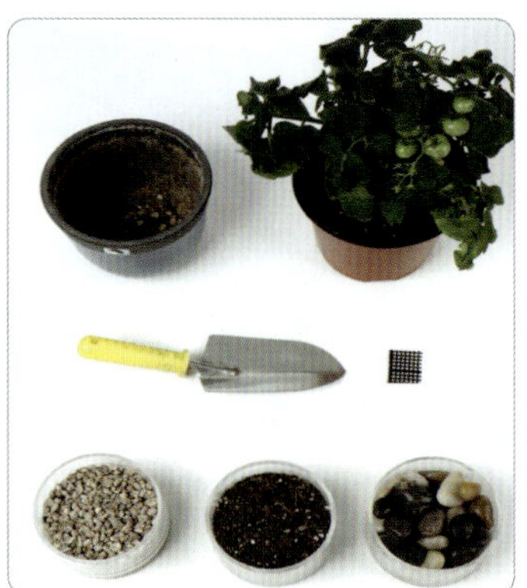

장 소 반양지

온 도 10~25℃

물주기 흙이 마르면 물을 흠뻑 준다.

비 료 액체용 복합비료를 2주에 한 번 준다.

병충해 진딧물

번 식 묘종, 씨뿌리기

특징
1 토마토는 종류나 크기에 따라 다양한 품종이 재배되고 있다.
2 진녹색의 열매가 익으면 빨갛게 변한다.

관리
■ 일반 관엽식물처럼 기를 수 있게 화분에 심을 땐 배수가 잘 되도록 관리한다.
■ 일 년에 한 번 분갈이를 해 준다.

1 포트에서 식물을 분리한다.

2 흙을 반쯤 털어낸 후 화분에 옮겨 심는다.

3 흙을 골고루 채운다.

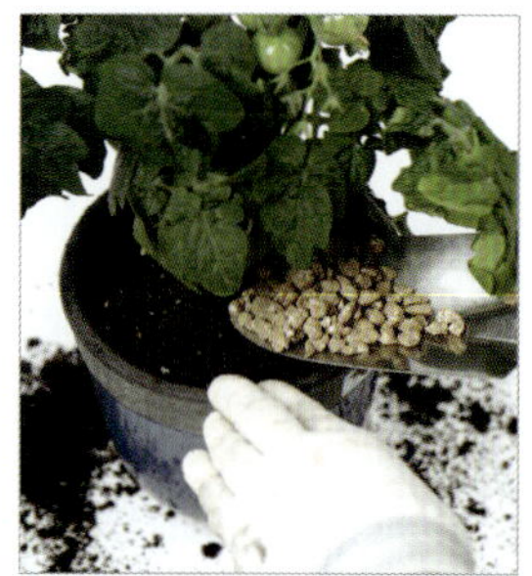

4 마사와 돌로 장식하여 마무리한다.

화초 고추 [가지과]

장 소 양지, 반양지

온 도 15~25℃

물주기 흙이 말랐을 때 물을 흠뻑 준다.

비 료 봄에서 가을까지 관엽식물용 복합비료를 한 달에 한 번 준다.

병충해 진딧물, 잿빛곰팡이병

번 식 씨를 받았다가 봄에 뿌린다.

특징

1 고추의 크기와 색상에 따라 다양한 품종이 있다.

2 창 모양의 진녹색 잎을 가진 아담한 크기의 일년초이다.

3 작은 흰색 꽃이 핀 후 강렬한 색상의 고추가 열리는데, 익으면서 열매 색상이 변하게 된다.

관리

■ 직사광선을 좋아하며, 간접광에서도 견딜 수 있다.

■ 일 년에 한 번 분갈이를 해 준다.

화 분 갈 이

1 포트에서 식물을 분리한다.

2 새 화분에 차례로 옮겨 심는다.

3 흙을 골고루 채워준다.

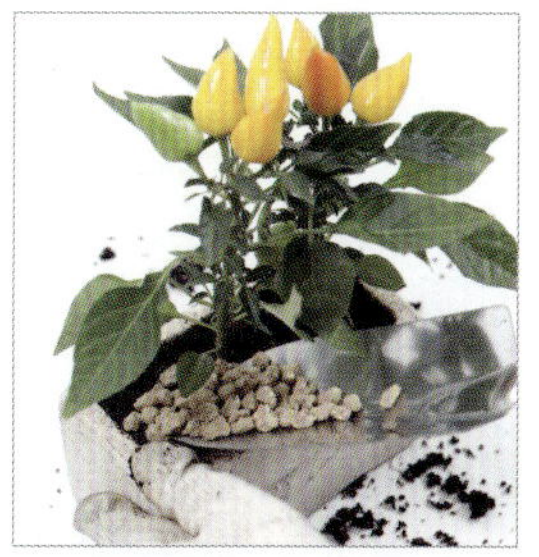

4 마사와 돌로 장식하여 마무리한다.

미모사 / 신경초 [콩과]

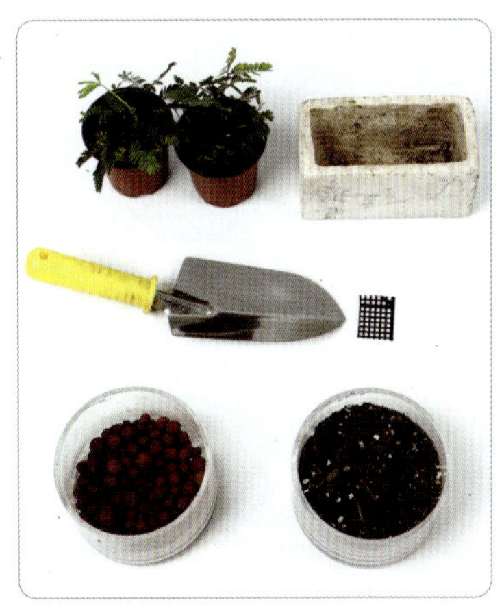

<재료> **재료** 미모사 2개, 화분, 꽃삽, 깔망, 하
이드로 볼, 흙

장 소	양지, 반양지
온 도	15~22℃ 이상
물주기	흙이 마르기 시작할 때 물을 듬뿍 준다.
비 료	성장기에 고형비료 또는 액체비료를 준다.
병충해	거의 없다.
번 식	종자

특징

1 브라질이 원산지이며 콩과식물로 미모사, 신경초, 잠품 등 여러 가지 이름으로 불리고 있다.

2 직사광선을 좋아하는 식물로, 아침에 잎을 펴고 해가 지면 잎을 닫는다.

3 미모사 잎은 한 번 오므라들면 다시 펴는데 30분 정도 걸린다. 나무가 아닌 잎에 특수 세포가 있어 수분이 빠르게 방출되기 때문이다.

4 꽃은 7~8월에 연한 분홍색으로 핀다.

관리

■ 공중습도가 높아 다습한 것을 좋아하고 실내가 건조할 경우 잎 끝이 마르기 때문에 습도를 유지해 주는 것이 중요하다.

■ 물을 줄 때 잎에는 물이 닿지 않도록 주의해야 한다.

■ 햇빛이 드는 창가나 베란다 등 밝은 곳에 두어야 잘 자란다.

   화 분 갈 이

			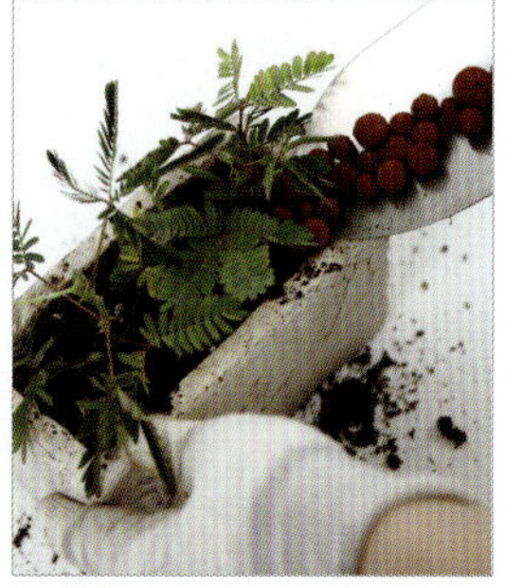
1 포트에서 식물을 분리한다.	**2** 식물을 차례로 심어준다.	**3** 흙을 골고루 채워준다.	**4** 하이드로 볼을 깔아 마무리한다.

베고니아 홀리데이 [베고니아과]

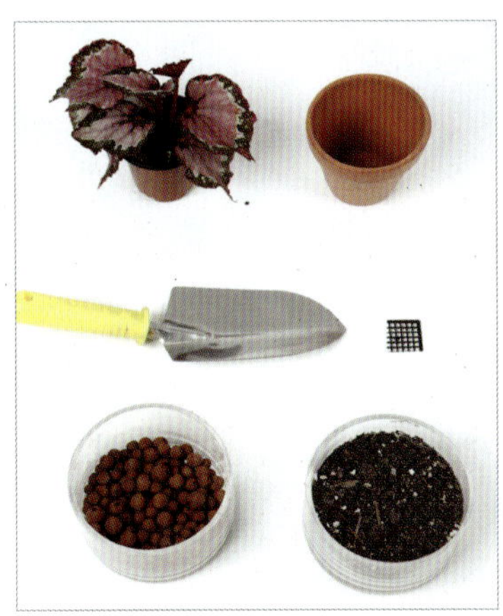

재료   베고니아, 화분, 꽃삽, 깔망, 하이드
로 볼, 흙

장 소	반음지, 음지
온 도	15~20℃
물주기	흙이 말랐을 때 물을 준다.
비 료	두 달에 1번 화학비료를 준다.
병충해	흰가루병, 잿빛곰팡이병, 뿌리썩음병, 굴파리, 총채벌레, 응애
번 식	꺾꽂이, 줄기꽂이

특징

1 베고니아는 뿌리의 형태에 따라 실뿌리 베고니아, 근경성 베고니아, 구근성 베고니아 3그룹으로 나눈다.

2 화학 제품에서 발생되는 포름알데히드 제거에 효과가 있다.

3 수분을 함유하여 아삭아삭하는 씹는 맛과 새콤한 맛이 난다. 몸이 나른할 때 먹으면 효과가 있고 상처가 난 부위나 염증 치료에도 좋다.

관리

■ 물을 줄 때는 흙에만 주어야 하고 잎이나 꽃에 물이 닿지 않도록 주의한다.

■ 햇빛을 좋아하는 화초이지만 한여름의 직사광선은 피하고 반그늘에서 키우면 연중 꽃을 볼 수 있다.

■ 겨울에는 8℃ 이상 실내온도를 유지하고 낮에는 창으로 들어오는 햇볕을 쬐여준다. 흙이 약간 마른 듯하면 물을 주어 조절한다.

1 포트에서 식물을 분리한다.

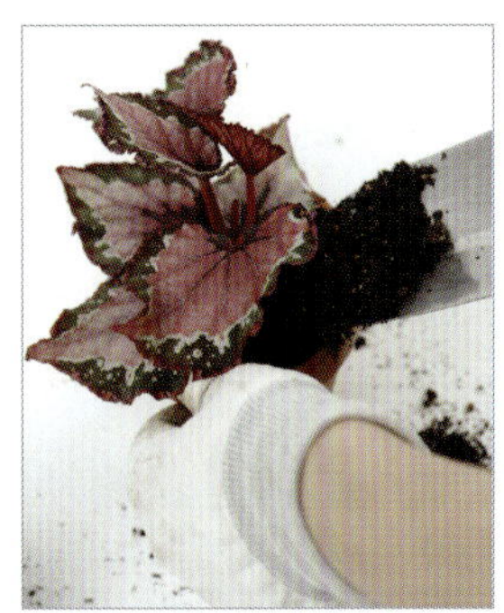

2 화분에 옮겨 심은 후 흙을 골고루 채워준다.

3 하이드로 볼로 채워 마무리한다.

분화장미 [장미과]

재료 분화장미, 화분, 꽃삽, 깔망, 흙, 하이드로 볼

장 소	양지
온 도	20~25℃
물주기	흙이 마르기 전에 물을 준다.
비 료	두 달에 1번 화학비료를 주고 한 달에 2번 액체비료를 준다.
병충해	진딧물, 응애
번 식	꺾꽂이, 줄기꽂이

특징

1 꽃의 지름이 2~5cm인 미니종, 홑피기종, 여러 겹으로 피는 품종 등 형태도 다양하며, 꽃의 색도 다채롭다.

2 가을, 겨울에도 온도만 적당하면 꽃을 피울 수 있다.

3 꽃이 진 후에 시든 가지를 잘라 주면 새로운 옆싹이 자라나 새로운 꽃봉오리가 맺힌다.

관리

■ 겨울에는 최대한 직사광선을 오래 쬘 수 있도록 한다.

■ 겨울 동안 고온에서 계속 두면 이후 성장도 위축되고 꽃도 잘 피지 않은 경우를 볼 수 있다.

■ 온도보다 중요한 것은 충분한 광량 확보이다.

1 포트에서 식물을 분리한다.

2 화분에 옮겨 심은 후 흙을 골고루 채워준다.

3 하이드로 볼로 장식하여 마무리한다.

프리뮬러 [앵초과]

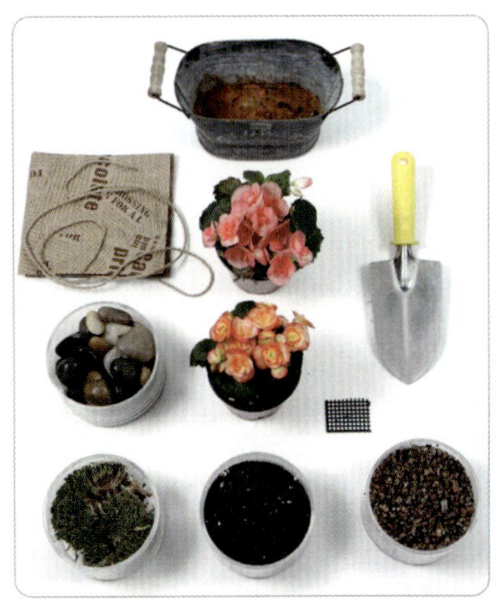

장 소	반양지, 반음지
온 도	5~20℃
물주기	봄부터 여름까지 흙이 마르기 전에 자주 준다. 가을, 겨울은 그 횟수를 줄인다.
비 료	관엽식물용 복합비료를 한 달에 한 번씩 준다.
병충해	흰가루병
번 식	이른 봄 가지를 잘라 번식, 종자

재료 프리뮬러 2개, 데코 화분, 포장지 2장, 노끈, 꽃삽, 깔망, 돌, 이끼, 흙, 마사

특징

1 진한 초록색의 큰 잎이 무성하며, 관상용으로 화단이나 화분에 주로 재배한다.

2 다양한 색(흰색, 노란색, 분홍색, 붉은색, 자주색)의 꽃이 핀다.

3 실내나 실외 모두 다 잘 자라며 장식용 식물로 많이 쓰인다.

관리

■ 통풍이 잘 되는 따뜻한 곳에 둔다.

■ 흰가루병이 걸리지 않도록 통풍에 신경을 쓴다.

■ 꽃이 진 후엔 남은 꽃잎을 깨끗이 제거해 준다.

 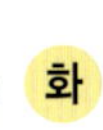  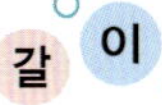
화 분 갈 이

   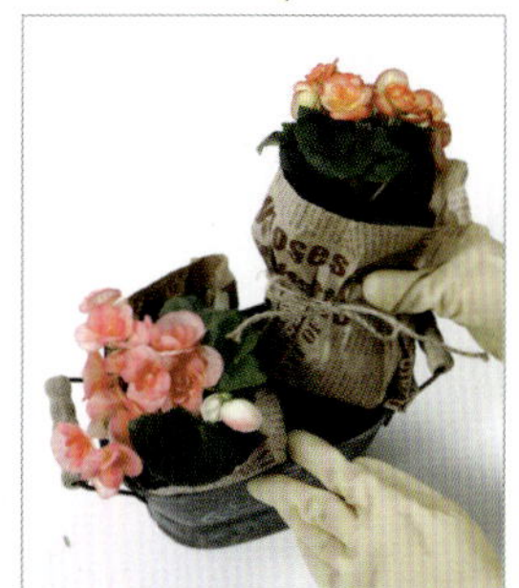

1 포트를 그대로 포장지에 담는다.

2 포장지를 알맞게 주름 잡아 접어준다.

3 노끈으로 깔끔하게 묶어준다.

4 준비된 데코 화분에 꽃을 담아준다.

천일홍 [비름과]

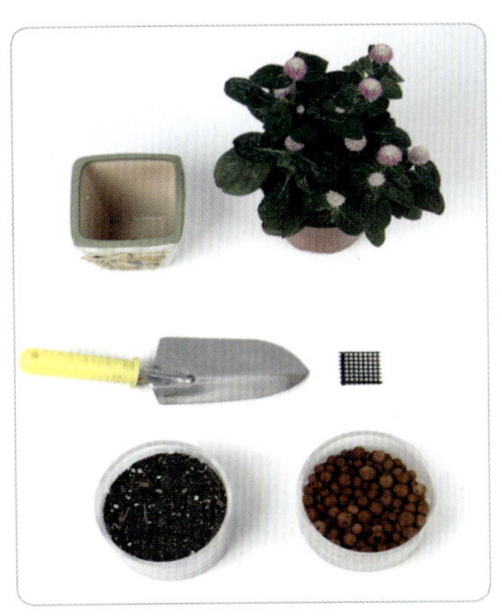

장 소	양지
온 도	15~20℃
물주기	흙이 말랐을 때 물을 충분히 준다.
비 료	액체용 복합비료를 한 달에 한 번 정도 준다.
병충해	진딧물
번 식	종자

재료 백일홍, 화분, 꽃삽, 깔망, 흙, 하이
드로 볼

특징

1 쌍떡잎 식물로 비름과의 한해살이풀이며, 열대 아프리카가 원산지이다.

2 관상용으로 재배하여 장식용 식물로 많이 쓰인다.

3 꽃 색깔이 오랫동안 변하지 않아 천일홍이라 부르며, 여름에는 절화용 또는 건조화로 이용한다.

4 꽃은 7~10월에 피고 보라색, 붉은색, 연한홍색, 흰색 등이 있으며, 수분이 거의 없어 까끌까끌한 질감의 소포이다.

관리

■ 씨앗의 솜털을 분무기로 적셔주며 흙과 잘 섞어 덮어준다. 약 2주가 지나면 싹이 나온다.

■ 4월 하순경 싹을 5~6cm 간격으로 파종한다.

■ 통풍이 잘 되고 밝은 곳에서 잘 자란다.

  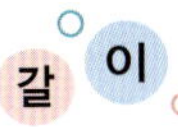 

화 분 갈 이

1 포트에서 식물을 분리한다.

2 화분에 옮겨 심는다.

3 흙을 골고루 채운다.

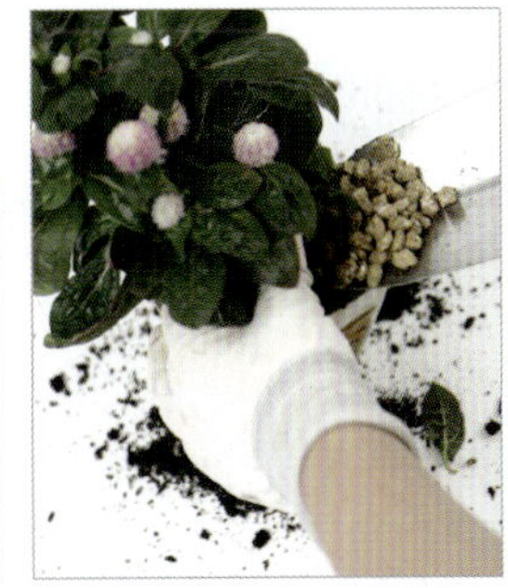

4 마사와 하이드로 볼을 채워
마무리한다.

썬로즈 [석류풀과]

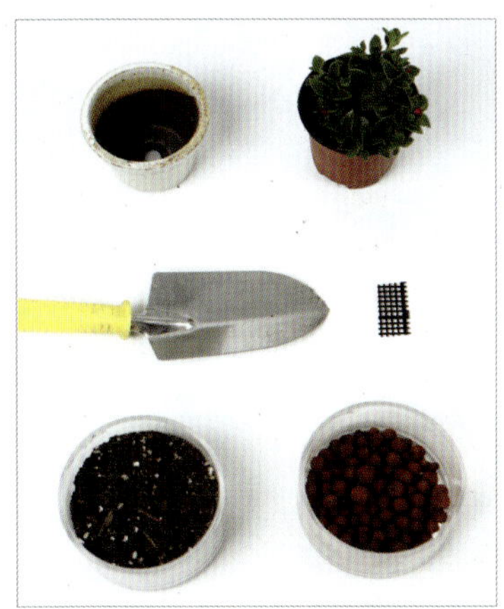

재료 썬로즈, 화분, 꽃삽, 깔망, 흙, 하이드로 볼

장 소	양지, 반양지
온 도	20~25℃
물주기	흙이 완전히 말랐을 때 물을 준다.
비 료	관엽식물용 비료를 한 달에 한 번 준다.
병충해	거미 응애
번 식	삽목, 종자

특징

1 석류풀과의 다육식물로 남아프리카가 원산지이며, 압테니아 코르디폴리아란 이름을 갖고 있지만 우리에겐 썬로즈란 이름으로 더 알려져 있다.

2 1인치 정도의 분홍색 꽃이 피며, 아침에 꽃잎이 펼쳐지고 저녁에 다시 오므라든다.

관리

■ 추위에 약한 편이고 월동 온도 5℃ 이상을 유지해야 한다.

■ 꽃이 피는 시기에는 꽃에 물이 닿지 않도록 저면관수를 한다. 과습에 주의해야 한다.

■ 밝고 서늘한 그늘에서 잘 자란다.

❋ 저면관수(底面灌水) : 화분재배나 온실재배에서 모세관수에 의하여 밑에서부터 물을 흡수하게 하는 일

1 포트에서 식물을 분리한다.

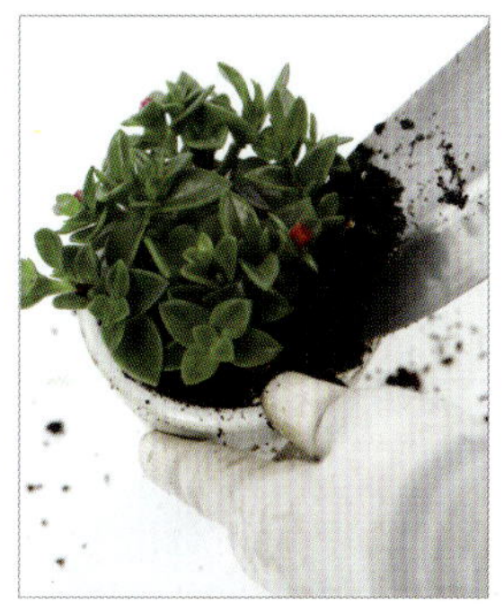

2 화분에 옮겨 심은 후 흙을 채워준다.

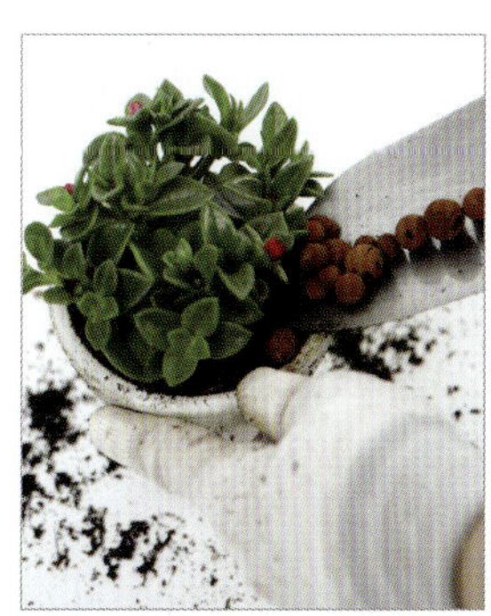

3 하이드로 볼로 장식하여 마무리한다.

도라지꽃 [초롱꽃과]

재료 도라지꽃, 화분, 꽃삽, 깔망, 흙, 하
     이드로 볼

장 소	반양지, 반음지
온 도	5~25℃
물주기	화분의 흙이 마르면 물을 준다.
비 료	복합용 액체비료를 2주에 한 번 준다.
병충해	진딧물, 깍지벌레
번 식	뿌리를 캐어 옮겨심기, 포기나누기

특징

1 초롱꽃과에 속하며 원산지는 한국, 시베리아, 일본 지역의 산과
  들판 어디서나 잘 자라는 토착식물이다.

2 시기에 따라 처음에는 모두 수컷으로 피지만 시간이 지나 꽃가
  루를 날려 보낸 후 암컷으로 전환된다.

3 연한 잎과 뿌리는 식용으로 많이 쓰이고 약용으로도 쓰인다. 효
  능으로는 심장병, 거담, 해소, 이질 등에 특효가 있다.

4 7월 중순이면 흰색, 보라색의 꽃이 핀다.

관리

■ 노지에서 자라는 식물로 어디서나 잘 자라지만 화분으로 집에서
  키울 경우 햇빛이 잘 드는 곳에서 관리해야 한다.

■ 배수가 잘 되도록 해야 하며 물은 5~9월까지는 흙이 마르기 전에
  주며 그 이후로는 건조하게 관리한다.

■ 일 년에 한 번 봄이 되면 분갈이를 해 준다.

1 포트에서 식물을 분리한다.

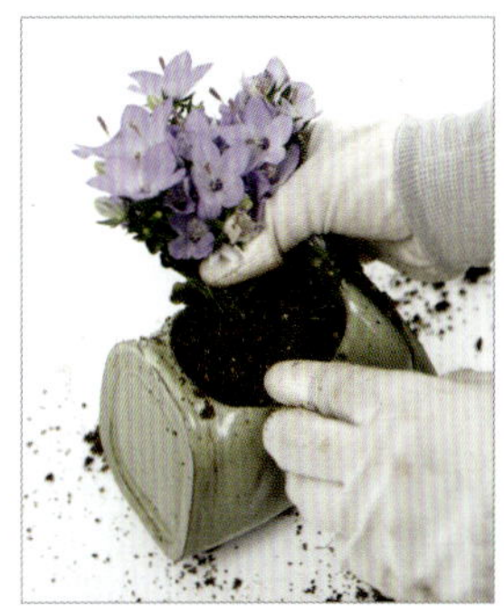

2 뿌리에 묻은 흙을 반쯤 털어
  낸 후 화기에 옮겨 심는다.

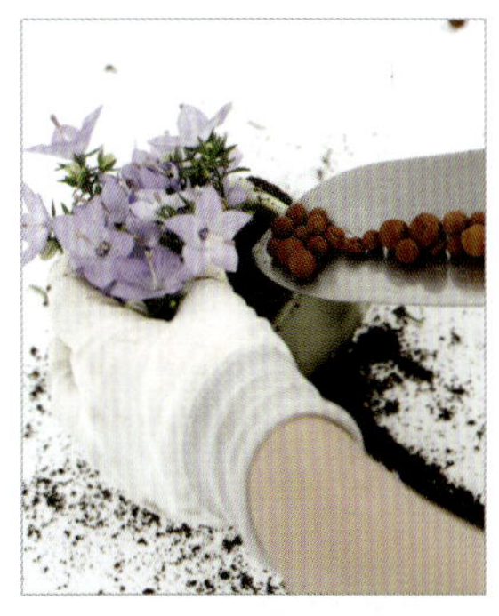

3 흙으로 채워준 후 하이드로
  볼로 장식한다.

틸란드시아 [파인애플과]

재료 틸란드시아, 화분, 꽃삽, 돌, 흙, 마사

장　소	반양지
온　도	5~25℃
물주기	잎은 자주 분무해 주고 뿌리는 다소 건조하게 둔다.
비　료	월 1회 액체비료를 준다.
병충해	진딧물, 거미 응애
번　식	포기나누기(5~6월)

특징

1 열대성 식물로 파인애플과에 속하며, 야생에서는 나무줄기에 착생해서 자란다.

2 잎 가운데서 나온 붉은색은 포이고 이 포 사이에 보랏빛의 꽃이 3개월 정도 핀다.

관리

- 열대성 식물이기 때문에 실내에서는 밝은 장소에서 관리한다.
- 5월에서 9월까지는 직사광선을 피한다.
- 실내온도에서 잘 자라며 공중습도를 유지해 준다.
- 분갈이는 1년에 한 번 따뜻한 봄에 해 준다.

1 화분에 흙을 채워준다.

2 포트에서 식물을 분리한다.

3 옮겨 심은 후 흙과 마사, 돌로 마무리한다.

워터코인 [미나리목 산형과]

장 소	반음지, 음지
온 도	10~20℃
물주기	흙이 마르지 않도록 촉촉할 정도로 물을 준다.
비 료	복합용 액체비료를 2주에 한 번 준다.
병충해	진딧물, 응애
번 식	포기나누기

재료 워터코인, 배수구가 없는 유리화기,
꽃삽, 마사, 흙

특징

1 쌍떡잎 식물이며 미나리목 산형과 다년생으로, 온대지방의 습지 또는 물속에서 자라는 수생식물이다.

2 우리나라 야생화 중에 피막이풀 종류에 속한다.

3 잎은 동전 모양이고, 꽃은 흰색으로 조그만 꽃대에 여러 개가 핀다.

4 뿌리는 옆으로 뻗어 내리며, 번식력이 아주 좋다.

관리

■ 늪이나 연못가에서 잘 자라는 식물로 물을 항상 촉촉할 정도로 주어야 하며, 공중습도를 높게 유지해야 한다.

■ 번식력이 좋으며, 흙이 물에 젖도록 그늘진 곳에서 습하게 관리해야 한다.

   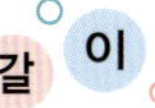

1 유리화기에 마사를 깔아 배수 층을 만든다.

2 그 위를 흙으로 채워준다.

3 식물을 유리화기에 옮겨 심 은 후 마사로 다시 채워준다.

4 물을 충분히 부어준다.

Green Plant

집안에 향기를 더해주는 식물

로즈마리 [꿀풀과]

재료 로즈마리 2개, 화분, 꽃삽, 돌, 마사, 흙

장 소	반양지, 반음지
온 도	15~25℃
물주기	흙이 말랐을 때 물을 준다.
비 료	복합성 액체비료를 2주에 한 번씩 준다.
병충해	깍지벌레, 진딧물, 응애
번 식	포기나누기, 꺾꽂이

특징

1 꽃이나 잎을 조금만 만져도 진한 향기를 내는 방향성 식물로, 유럽이나 지중해 연안에서는 향수나 의약품의 재료로 많이 쓰여지고 있다.

2 유럽과 지중해 연안이 원산지인 다년초 상록관목으로 스트레스 해소와 뇌신경 자극, 천식, 지방 분해, 류마티스, 근육통 등 다양한 효능이 있다.

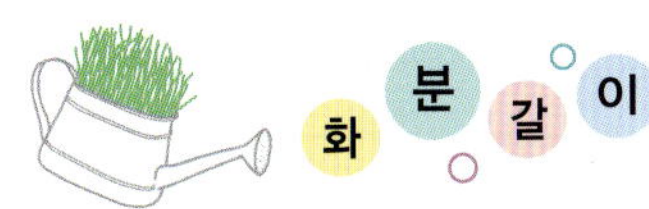

관리

■ 햇빛이 잘 들고 건조한 곳을 좋아하므로 다습하지 않도록 주의한다.

■ 가지가 왕성히 자랄 때 한 번씩 가지치기를 해 준다.

■ 뿌리가 꽉 차도록 자랐을 때 분갈이를 해 준다.

■ 분갈이할 때 될 수 있으면 조금 큰 화분에 해 준다. 이식을 싫어해 스트레스 상태에서 죽을 수도 있다.

1 준비된 화분에 흙을 채워준다.

2 포트에서 식물을 분리한다.

3 식물을 차례로 심는다.

4 흙을 골고루 채워준다.

5 마사와 돌로 마무리한다.

장미허브 [꿀풀과]

재료 장미허브, 화분, 꽃삽, 흙, 돌, 마사

장 소	양지
온 도	15~25℃
물주기	흙이 말랐을 때 물을 준다.
비 료	액체비료를 1~2주 한 번 정도 준다.
병충해	진딧물
번 식	꺾꽂이

특징

1. 일반적으로 허브라 불리지만 다육의 성질도 가지고 있어 다육식물로 분류되기도 한다.
2. 잎의 모양새가 장미와 닮았고, 장미향이 난다고 하여 장미허브라고 한다. 잎이 부드러운 솜털로 덮여 있다.
3. 일반 허브처럼 식용으로는 거의 사용하지 않는다.

관리

- 여름철 강한 직사광선은 피하고 양지 바르고 통풍이 잘 되는 곳에서 건조하게 키운다.
- 물을 자주 주어 과습하게 되면 잎이 노랗게 변하고 떨어진다.
- 배수가 잘 되어야 하므로 흙에 마사를 혼합하여 사용한다.

  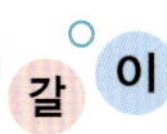 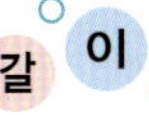

화 분 갈 이

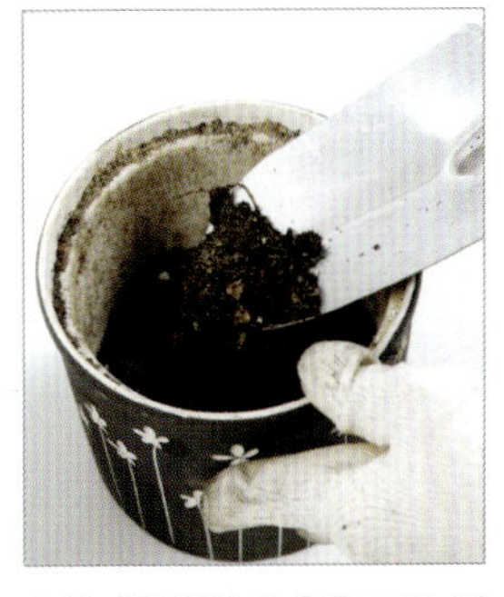

1 준비된 화분에 흙을 조금 채워준다.

2 포트에서 식물을 분리한다.

3 흙을 골고루 채워준다.

4 마사와 돌로 장식하여 마무리한다.

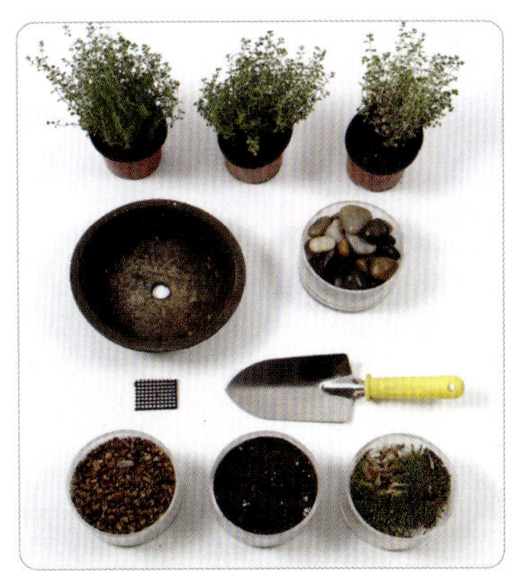

장　소	반양지
온　도	5~25℃
물주기	표면의 흙이 말랐을 때 물을 준다.
비　료	액체용 복합비료를 한 달에 한 번 정도 준다.
병충해	깍지벌레
번　식	포기나누기

재료 골든 레몬타임 3개, 화분, 돌,
깔망, 꽃삽, 마사, 흙, 이끼

특징

1 지중해 연안이 원산지이며, 일명 사향초라 불리는 식물로 향료나 약물로 오랜 역사를 가지고 있다.

2 타임의 학명 Thymus는 그리스어의 '소독하다'에서 유래된 것으로, 약용 외에 술이나 치즈의 맛을 내는데 부향제로 사용되기도 한다.

3 타임에는 여러 종류가 있지만 골든 레몬타임은 잎이 작고 층층이 달려 있으며 노란색의 허브이다.

4 레몬향을 가지고 있으며, 타임차의 경우 숙면을 돕고 두통에 효과가 있다.

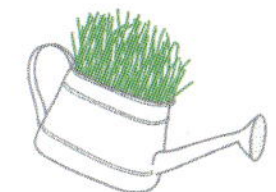  화 분 갈 이

관리

- 고온, 저온, 건조에 강하고 월동하기도 쉬우나 수분에는 약하다.
- 햇빛이 잘 들고 배수가 좋으며 통풍이 잘 되는 건조한 토양에서 잘 자란다.

1 배수구를 망으로 가려준다.

2 흙으로 밑부분을 채워준다.

3 포트에서 식물을 분리해서 화분에 차례로 심는다.

4 흙을 골고루 채워준다.

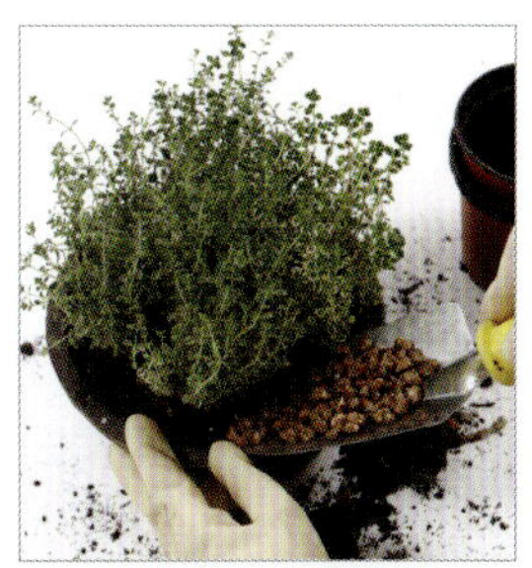

5 마사, 이끼, 돌로 장식해서 마무리한다.

바질 [꿀풀과]

재료 바질, 화분, 꽃삽, 돌, 흙, 마사

장 소	양지
온 도	25℃
물주기	흙이 말랐을 때 물을 흠뻑 준다.
비 료	잎의 색이 옅어지면 고형비료를 화분 가장자리에 올려 놓는다.
병충해	진딧물, 개각충, 깍지벌레, 응애
번 식	종자, 꺾꽂이, 포기나누기

특징

1 인도에서는 바질의 향기가 공기를 맑게 하고 생기를 불러일으키는 식물이라 하여 신에게 받칠 정도의 성스러운 향초로 취급되었다.

2 바질을 건조시켜 가루로 만들어 자그마한 주머니에 넣고 다니면서 코로 향기를 흡입하기도 하였다.

3 더위에 강하고 요리에 폭넓게 사용할 수 있어 인기 있는 허브 중 하나이다. 닭고기, 어패류, 샐러드, 스파게티, 피자파이, 스튜, 수프, 소스 등의 요리에 널리 쓰인다.

4 효능으로는 머리를 맑게 하여 두통에 효과가 있다. 구내염, 편도염에도 좋고 신장염, 이뇨제로 이용된다.

관리

■ 햇빛을 아주 좋아하는 식물이므로 직사광선을 1년 내내 받도록 한다.

■ 겨울에 5℃ 이하에서 키우게 되면 시들게 되므로 5℃ 이상의 온도로 유지해야 한다.

1 포트에서 식물을 분리한다.

2 준비된 화분에 흙을 반쯤 털어낸 뒤 옮겨 심는다.

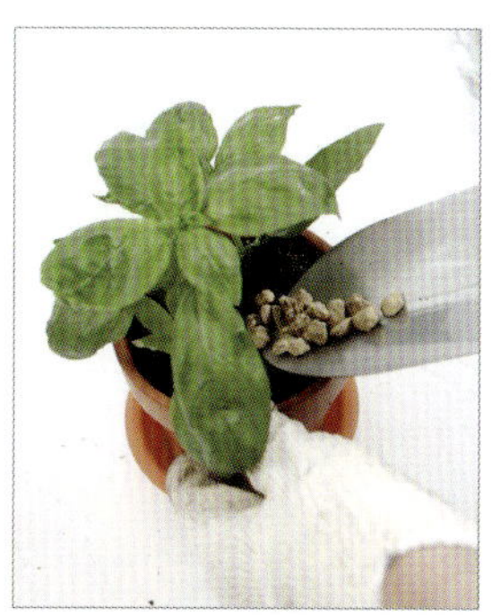

3 흙을 채운 뒤 마사와 돌을 깔아 마무리한다.

애플민트 [꿀풀과]

재료 애플민트 2개, 화분, 꽃삽, 마사,
흙, 돌

장　소	반음지, 반양지
온　도	25℃
물주기	흙이 마르지 않도록 마르기 전에 물을 준다.
비　료	꽃이 피는 시기, 생장기에 액체비료를 일주일에 1번 정도 준다.
병충해	응애, 진딧물
번　식	종자, 포기나누기, 꺾꽂이

특징

1 생육이 가장 튼튼한 허브 중의 하나로 상쾌한 향기와 청량감이 있으며, 방부 살균 작용과 위나 장의 정장효과로 널리 알려져 있다.

2 예로부터 서양에서는 민트를 미덕의 상징으로 삼았으며, 유럽에서는 고기 요리에 필수 향신료로 사용하였다.

3 입냄새 제거 효과가 있어 치약에 첨가되기도 하고 비누, 목욕제, 포푸리 등에 쓰인다.

관리

■ 다른 허브들과 반음지의 장소에서 잘 자라며, 여름의 강한 직사광선은 피한다.

■ 약간 습한 상태로 키우는 것이 좋으며, 곁가지를 많이 가지치기해서 꽃을 많이 피울 수 있도록 한다.

■ 저온다습에는 강하지만 고온건조에는 약해 한여름에는 일시적으로 생장을 멈춘다.

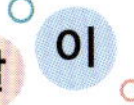

1 포트에서 식물을 분리한다.

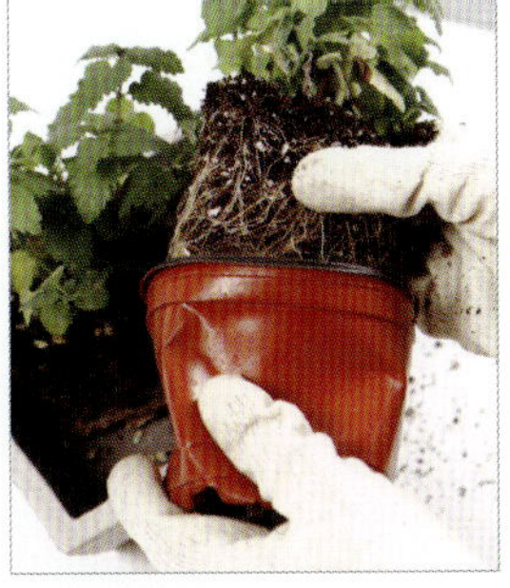

2 먼저 하나를 가장자리에 자리를 잡아주고 나머지 하나도 모양을 잡아 심는다.

3 흙으로 채워 흔들리지 않도록 꾹꾹 눌러 준다.

4 마사와 돌로 그 위에 채워 마무리한다.

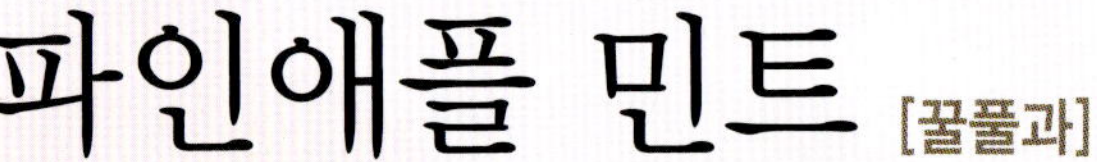

파인애플 민트 [꿀풀과]

장　소	반음지
온　도	20~25℃
물주기	흙이 마르지 않도록 마르기 전에 물을 준다.
비　료	꽃이 피는 시기, 생장기에 액체비료를 일주일에 1번 정도 준다.
병충해	응애, 진딧물, 깍지벌레
번　식	종자, 꺾꽂이, 포기나누기

재료 파인애플민트 2개, 화분, 꽃삽, 돌, 흙, 마사

특징

1 잎 가장자리가 노란색인 민트류로 파인애플 향이 난다.

2 주로 허브티로 많이 이용하는데 기분을 맑게 해주는 효과가 있다. 더불어 감기, 코막힘, 헛기침, 치통, 식중독, 구토, 설사, 변비, 피부염, 마른버짐 등에 효과적이다.

3 서양 박하라고도 하며 성경에도 언급될 정도로 오래 전부터 높이 평가된 귀중한 향료식물이다.

관리

■ 저온다습에는 강하지만 고온건조에는 약하기 때문에 반음지의 약간 습한 상태로 키우는 것이 좋으며, 곁가지를 많이 쳐서 꽃을 많이 피울 수 있도록 한다.

■ 자라는 기세가 강하기 때문에 화분에 심을 때는 일년 동안 여러 차례 분갈이를 하거나 포기나누기를 한다.

■ 다른 종과의 교잡이 쉬우므로 씨뿌리기보다는 꺾꽂이나 포기나누기로 번식한다.

화 분 갈 이

1 포트에서 식물을 분리한다.

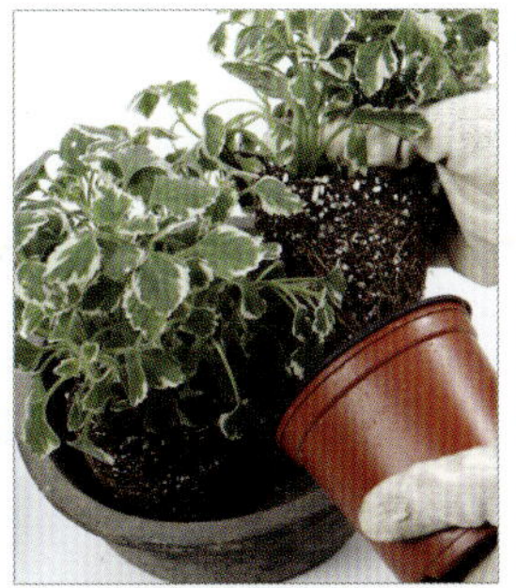

2 차례로 모양을 잡아 심어준다.

3 흙을 골고루 채워준다.

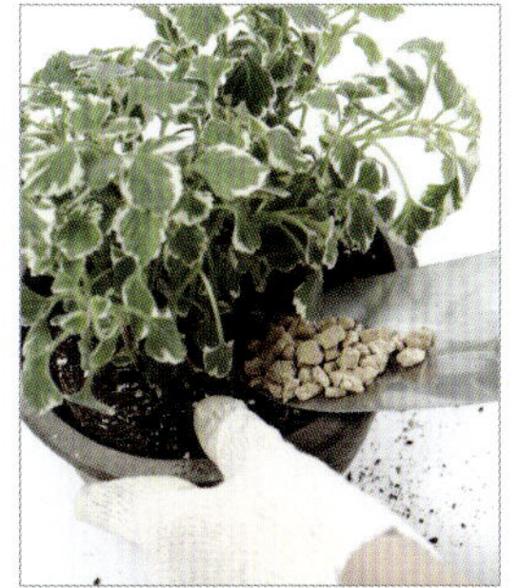

4 그 위에 마사와 돌로 채워 마무리한다.

파인애플 세이지 [꿀풀과]

장 소	양지
온 도	15~20℃
물주기	흙이 말랐을 때 물을 흠뻑 준다.
비 료	봄과 가을에 질소분이 적은 비료를 준다.
병충해	거의 없다.
번 식	꺾꽂이

재료 파인애플 세이지, 화분, 꽃삽, 돌, 흙, 마사

특징

1. '구원하다' 라는 의미의 라틴어에서 학명이 유래됐으며, 장수하려면 5월의 세이지를 먹으라는 말이 있을 정도로 항산화작용과 노화방지에 효과적이다.
2. 옛날부터 유럽 각국에서 가정용 향초로 널리 재배되었다. 관상, 향료, 채취, 약용, 요리, 염색 등에 이용된다.
3. 잎에서 파인애플 같은 달콤한 향기가 나며, 붉은색의 가느다란 꽃이 가을까지 아름답게 핀다.

관리

- 실내에서 기르기 적합한 허브로 섬세한 관리가 필요하다.
- 추위에는 강하지만 양지 바르고 배수가 좋은 곳에서 키워야 한다.

화분갈이

1 화분의 배수구를 망으로 가린 후 흙을 조금 채워준다.

2 포트에서 식물을 분리한다.

3 흙을 골고루 채워준다.

4 마사와 돌로 장식하여 마무리한다.

라벤더 [꿀풀과]

재료 라벤더, 화분, 꽃삽, 흙, 마사, 돌

장 소	양지
온 도	15~20℃
물주기	흙이 말랐을 때 물을 흠뻑 준다.
비 료	고체비료나 액체비료를 준다.
병충해	응애
번 식	꺾꽂이

특징

1 잎은 목욕제, 차 등에 활용되고, 꽃은 말린 뒤 포푸리로 사용된다.

2 라벤더 차는 진정작용에 효과가 있고 두통을 없애주며 기분 전환을 시켜 숙면에 도움을 준다.

3 살균 살충력이 강해서 서랍 속에 넣어 두면 곰팡이가 끼지 않고 곤충을 방지하며, 냄새 방지용으로도 효과가 있다.

관리

■ 라벤더는 다른 허브들보다 특히 습기에 약하므로 물을 자주 주어서는 안 되고 흙이 말랐을 때 물을 충분히 주어야 한다.

■ 햇빛을 좋아하고 고온다습한 것을 싫어하므로 배수가 잘 되는 흙에 심어 통풍이 잘 되는 곳에 둔다.

■ 장마철에는 비를 맞지 않도록 하고 통풍이 잘 되는 실내에 둔다.

화 분 갈 이

1 포트에서 식물을 분리한다.

2 화분에 그대로 옮겨 심는다.

3 흙을 골고루 채워준다.

4 마사와 돌로 장식하여 마무리한다.

캔들프렌트 [국화과]

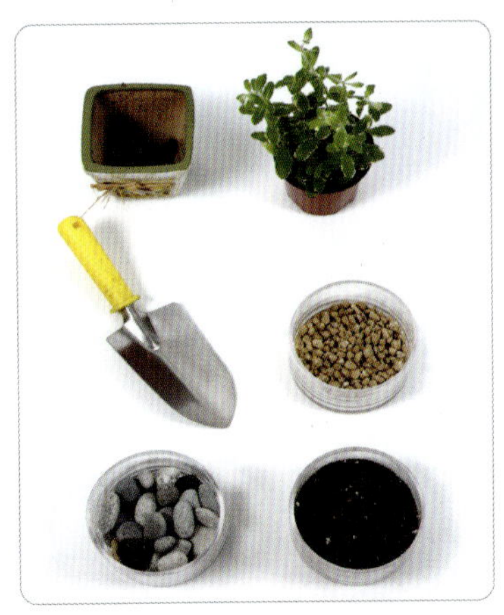

재료 캔들플렌트, 화분, 꽃삽, 마사, 돌, 흙

장 소	양지, 반양지
온 도	15~25℃
물주기	흙이 말랐을 때 물을 흠뻑 준다.
비 료	4~9월에 액체비료를 주면 좋다.
병충해	깍지벌레
번 식	종자, 꺾꽂이, 포기나누기

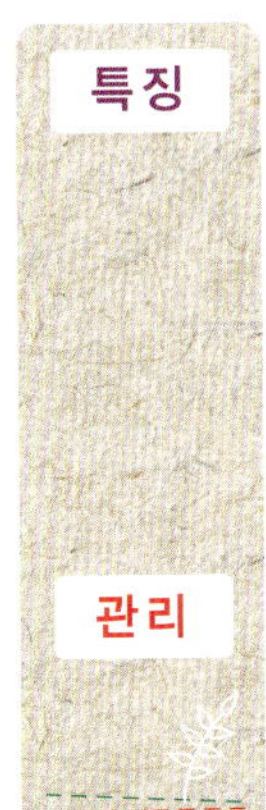

특징

1 잎은 하트모양으로 6~7cm 길이이고 부드럽고 고운 털이 있으며 잎가에 거친 톱니가 있다. 잎을 건드리면 상쾌한 향이 난다.

2 덩굴성이기 때문에 걸이용 화분에 심으면 일반 화분보다 더 멋진 연출을 할 수 있다.

3 잎에서 나는 특유의 향을 벌레들이 싫어하기 때문에 여름에 실내에서 키우면 벌레를 쫓는 데 효과적이다.

관리

■ 겨울에는 10℃ 이하로 내려가지 않도록 온도에 주의한다.

■ 여름철에는 직사광선을 피하고 반양지에 두는 것이 좋고, 높은 공중습도를 좋아하므로 자주 분무해 준다.

화 분 갈 이

1 포트에서 식물을 분리한다.

2 준비된 화분에 심어준 뒤 흙으로 채워준다.

3 마사를 흙 위에 깔아준다.

4 장식용 돌로 모양내어 마무리한다.

실내에서 가꾸는 녹색식물

2010년 8월 15일 인쇄
2010년 8월 20일 발행

저자 : 김혜정
펴낸이 : 이정일

펴낸곳 : 도서출판 **일진사**
www.iljinsa.com

140-896 서울시 용산구 효창동 5-104
대표전화 : 704-1616, 팩스 : 715-3536
등록번호 : 제 3-40호(1979. 4. 2)

값 15,000원

ISBN : 978-89-429-1179-0

Green Plant